AF474396

UN ÉTÉ

EN

ESPAGNE

PAR

AUGUSTIN CHALLAMEL.

—avec vignettes.—

Paris

CHALLAMEL, ÉDITEUR,

4, rue de l'Abbaye-St-Germ.

Madrid

CASIMIR MONIER,

Carrera, san Gerónimo.

MDCCCXLIII

UN ÉTÉ EN ESPAGNE.

À Monsieur et Madame THOREL fils, de Lisieux,

Je devais vous offrir, à vous qui avez été mes compagnons de voyage, ce livre destiné à vous rappeler tant de belles journées passées ensemble.

A. CHALLAMEL.

Imprimerie de Ducessois, 55, quai des Augustins.

Challamel del.

Imp. Grègoire & Deneux.

CALESA ET CHARIOT ESPAGNOLS

UN ÉTÉ
EN ESPAGNE

PAR

AUGUSTIN CHALLAMEL.

Avec vignettes.

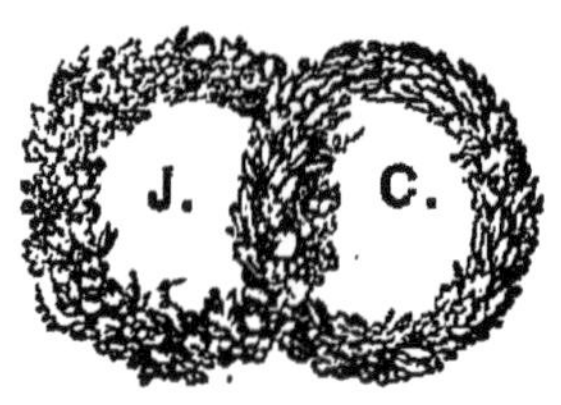

PARIS
CHALLAMEL, ÉDITEUR,
4, rue de l'Abbaye-S.-Germ.

MADRID
CASIMIR MONIER,
Carrera San Geronimo.

MDCCCXLIII.

ENTRÉE EN ESPAGNE.

De Bayonne à Burgos.

Rien de plus curieux à voir que le double aspect, le caractère mixte de ce qu'on nomme une ville frontière. C'est un livre avec texte et traduction en regard, où le voyageur commence à étudier le pays qu'il va parcourir. Je conçois, par exemple, qu'à Strasbourg, à Thionville, à Colmar, ces trois portes de France donnant sur l'Allemagne, on soit déjà surpris à la vue d'une population mélangée, qui force à bien examiner la figure de l'homme auquel on s'adresse, avant de risquer une phrase allemande plutôt que française, et réciproquement. Mais ce sont là de légères particularités. L'Allemagne et la France se connaissent l'une et l'autre, et tout le nord de notre pays est parfaitement accoutumé à la langue de Gœthe, à la bière et à la choucroûte. Ne prenez donc ni Strasbourg, ni Thionville, ni Colmar, pour des villes frontières dans la véritable acception du mot. Le Rhin seul nous sépare de l'Allemagne: mais l'Espagne a, entre elle et nous, la grande chaîne des Pyrénées, dont deux anneaux seulement sont brisés, à Perpignan et à Bayonne. C'est par une de ces deux villes qu'il faut entrer, car Oloron n'étant pas un centre, on serait obligé de prendre la route de traverse des contrebandiers.

J'avais à choisir entre la ligne de Bayonne et celle de Perpignan. Dans mon impatience de mettre le pied sur le territoire d'Espagne, je pris la plus courte, qui n'est pas, après tout, la moins curieuse. Ainsi faisant, je traversais la Beauce et côtoyais la Loire jusqu'à Tours; je voyais les terres minières de la Vienne; je passais sur les ponts monumentaux de Cubzac et de Bordeaux; j'admirais en route les pins et les liéges du département des Landes. Et puis, je le répète encore, je devais toucher plus tôt à la frontière d'Espagne.

On peut dire que le climat méridional ne commence pas à se faire sentir avant Bordeaux. La Gironde une fois traversée, le ciel s'épure, pourvu qu'on se tienne toujours à quelque distance des côtes de l'Océan. La chaleur est adoucie par une fraîche brise qui est comme la rosée de l'air. Le sol a changé de couleur, les prairies vertes sont rares, les champs de maïs ressemblent à des *jonchaies*, comme ceux de blé d'Europe ressemblent à des mers de sable; le bœuf pacifique traîne la charrette aux roues pleines et criardes; les toits des maisons sont moins inclinés, parce que la pluie est moins fréquente; le paysan porte le large chapeau de paille en guise de parasol; la femme travaille aux champs, la tête couverte de deux ou trois serviettes en forme de capuche; la voix flûtée du méridional grasseye la tyrolienne; les habitants ont la peau basanée, la barbe fournie, les yeux brillants, les cheveux noirs, longs et épais. Vous trouvez partout une nourriture épicée : l'ail est devenu le roi des assaisonnements; partout les tomates appétissantes, les aubergines, qui sont comme des œufs verts, et la soupe à l'huile, d'éternelle mémoire.

Pour peu qu'on soit né dans le Nord, on croira avoir quitté la France. Mais pour se guérir de cette erreur il suffira de parler aux paysans que l'on rencontrera sur le passage, et qui mêlent le français à la *langue d'oc*.

Enfin, j'étais à Bayonne, et là, l'Espagne commençait pour moi. A Bayonne, un magasin s'appelle déjà *almacen*, et la lettre des boutiques est moitié française, moitié espagnole. Les rues sont pleines de Navarrais, de Basques; et le soir, il n'est pas que vous n'aperceviez dans les *allées marines*, quelques mantilles ou quelques *sombreros*. Un quart des Bayonnais, peut-être, savent parler espagnol. Le dimanche, près de la porte d'Espagne, les Basques exécutent en plein air leurs danses favorites, avec des sauts interminables, au bruit d'une sorte de flageolet très-primitif, et d'une guitare, variété de l'espèce, faite en forme de carquois, et pourvue de cinq cordes seulement. Ces musiciens jouent toujours à peu près le même air, et le guitariste, sans doute pour forcer les danseurs à suivre la mesure, frappe sur son instrument avec un bâton. La danse finit par un allegro très-vif. Le Basque a pour costume un berret bleu, une ceinture de laine ou de soie rouge, une culotte courte sans liens, et une veste qui, négligemment jetée sur l'épaule gauche, laisse ses bras à découvert. Sa chaussure est très-caractéristique. Il porte des souliers en tissu de fil bordé d'un cordon bleu qui revient s'attacher sur le cou-de-pied, et dont la semelle, fort épaisse, est composée de trois tresses de cordes superposées.

Toutefois, le type de figures espagnoles n'existe pas encore.

Peu de proverbes sont aussi vrais que le proverbe qui dit : *Courir comme un Basque*. Les habitants de la basse Navarre, de la Soule, en France; ceux de la province de

Guipuzcoa, en Espagne, sont d'une vivacité et d'une ardeur à la course dont je ne puis mieux donner l'idée qu'en citant les femmes des pêcheurs de Saint-Jean-de-Luz, qui, en hiver ou en été, par la pluie ou la neige, s'en viennent pieds nus, et courant toujours, vendre leur poisson à Bayonne. Elles y restent trois ou quatre heures environ, et s'en retournent, courant encore, pour arriver avant la nuit. Elles ont fait ainsi, dans leur journée, onze lieues, avec un panier sur la tête, et souvent un parapluie sous le bras.

Mais il semble que je parle ici de l'Espagne, par anticipation. Un habitant d'Urrugue dit souvent, avec la plus grande ingénuité du monde : « Je ne suis pas Français, je suis Basque. » En effet, on est plus étranger chez les Basques qu'en Espagne, eu égard à leur langue, unique dans son genre. Elle n'a d'analogie, de point de contact, avec aucune langue vivante, et garde son caractère national, comme les Basques, fiers, braves, et surtout jaloux de leur indépendance. Je comprends facilement pourquoi les provinces de la Biscaye et la Navarre ont conservé leurs mœurs originelles, enfermées qu'elles sont, ou dans le bassin de l'Èbre, ou dans les Pyrénées, avec le golfe de Gascogne pour troisième limite. Une lutte incessante existe entre le gouvernement de Madrid et ces provinces, et le temps est loin encore, si jamais il doit venir, où les Basques renonceront à leurs *fueros*, pour contribuer à l'unité de l'Espagne. D'autre part, c'est, je crois, une opinion fort hasardée que de croire à la réunion prochaine de tous les Basques entre eux, c'est-à-dire à l'incorporation de ces provinces espagnoles à la France. En vérité, je craindrais plutôt le fait contraire : ces mots : « Je ne suis pas Français, » prononcés par l'habitant d'Urrugue, résonnent continuellement et désagréablement à mon oreille. Sans toutefois m'appesantir sur des questions aussi graves, et qui exigent, pour être résolues, une parfaite connaissance des mœurs internes du pays, je préfère continuer mon voyage avec vous, qui, peut-être, m'avertissez de ne point parler politique.

Entrer en Espagne par les Pyrénées, passer la Bidassoa, traverser les provinces basques, c'est bien certainement se ménager trois espèces d'émotions. Les Pyrénées sont des montagnes fertiles, surtout aux environs de Tarbes, de Pau et d'Oloron ; elles sont boisées ou couvertes d'un magnifique tapis violet de bruyères fleuries, ou d'un gai manteau de verdure. Toujours, çà et là, se voient quelques blanches maisonnettes à leurs pieds, ou assises sur leurs larges plates-formes. Des sources jaillissent parfois de leurs sommets, s'en vont roulant sur l'herbe, et forment des glacis transparents qui entretiennent sur leurs versants une fraîcheur artificielle. Un peuple de moutons, paissant, la clochette au cou, suffirait pour animer ces montagnes, si l'on n'y rencontrait pas à tout instant, soit un contrebandier qui se rend en Espagne, soit un curieux voyageur qui veut se donner la jouissance d'un coup d'œil jeté du haut des cimes, soit une petite caravane de paysans, les hommes à cheval, les femmes *en cacolet*, en chemin pour Ascain ou Saint-Jean-Pied-de-Port. Plusieurs vieux couvents sont encore à moitié debout, — habitations immenses, pleines autrefois de prisonniers volontaires dont tous les efforts tendirent à embellir leur solitude, et maintenant converties en maisons de ferme, n'ayant plus d'autre valeur artistique que celle d'offrir aux regards des passants quelques colonnettes sculptées, quelques niches en marbre, veuves de leurs saints vénérés, quelques portiques dont les pierres semblent jointes avec le vert ciment de la mousse. La grande route qui serpente au milieu de ces montagnes

1.

est ferrée de cailloux très-durs; elle est claire et polie comme la glace, bien entretenue; et, grâce à elle, on arrive en moins d'une heure en vue de l'Espagne, sur les bords même de la Bidassoa.

Ici, non-seulement le paysage change, mais on éprouve une émotion qui n'a rien de commun avec la première. Vous êtes au pied des montagnes qui s'étendent, à gauche, à perte de vue, et rétrécissent l'horizon. La Bidassoa coule devant vous, et va, à droite, se jeter dans la mer, à la hauteur de Fontarabia, dont le clocher coquet appelle quelque temps votre attention. Vous apercevez de bien loin le Passage et Saint-Sébastien. La mer donne au tableau l'aspect grandiose, et fait contraste avec les aspérités des montagnes. En face est Irun, et la route de Madrid qui tourne un peu le long de la rivière. Ne vous lassez pas de contempler le point de vue, car il va falloir passer la Bidassoa sur ce pont de bois qui est là, et un instant suffira pour que vous ne puissiez plus que jeter des regards en arrière. Le pont-frontière est toujours balayé et entretenu avec le plus grand soin, comme il convient, je dirai, à un personnage de son importance. Les passe-ports viennent d'être visés par le *commissaire spécial* de Béhobie, — car nous étions tout à l'heure au village de Béhobie,—et la diligence passe la Bidassoa. Cela a été l'affaire de quelques minutes, et mon esprit n'en a pas moins ressenti une impression profonde. D'abord, sur le côté du pont qui tient à la France, un fantassin français monte la garde [1]; il est propre, il a les guêtres de cuir verni et les boutons passés au blanc de céruse;

[1] Bien que la moitié du pont appartienne à la France, la consigne défend aux soldats français de faire plus de douze pas en avant.

il est doué de cette tournure dégagée et de ce certain petit air intelligent qui caractérise le *pioupiou* sorti des langes du *conscritisme*. Sur le côté du pont qui regarde l'Espagne, au contraire, le factionnaire est assez mal équipé; il porte des habits illustrés de pièces et de déchirures, il a le pied couvert de sales guêtres de toile, ou enveloppé de tristes sandales, comme si la misère suintait par tous ses pores. A cette vue, on éprouve une certaine tristesse qu'augmente encore l'apparition de quelques *aduaneros* (douaniers), plus misérables par leur costume que le soldat en question, de quelques mendiants qui jettent dans la diligence, par les portières, des feuilles de menthe sauvage, ou de quelques enfants absolument déguenillés qui vous présentent du raisin à l'aide de petits paniers attachés au bout d'un bâton.

C'est dominé par cette pénible impression que je me suis dirigé vers *Irun*, la première ville d'Espagne, là où se trouve le directeur des douanes, là où l'on commence à rencontrer des maisons ornées de blasons et de balcons. Irun est à une demi-lieue espagnole, — c'est-à-dire à plus de deux tiers de lieue française, — de la Bidassoa. A ce propos, je prie le lecteur de ne pas oublier, s'il lui est possible, que les lieues d'Espagne sont de 17 et 1/2 seulement au degré, tandis que celles de France sont de 25; cela nous évitera pour l'avenir, à lui et à moi, la peine de traduire les distances espagnoles en distances françaises. Cette notion géographique rappelée en passant, j'arrive à Irun, riche de quatre mille habitants, — après avoir regardé un moment l'île des Faisans, située tout près de là, île devenue fameuse par la Paix des Pyrénées; après avoir vu se dessiner, à une portée et demie de fusil environ, le mont *San-Marcial*, où se livra, le 31 août 1813, une bataille désastreuse pour notre armée.

Deux souvenirs bien différents! La Paix des Pyrénées renouait des liens d'amitié entre la France et l'Espagne, et la terrible journée du 31 août fermait tristement notre triste campagne impériale dans la Péninsule!

On se souvient de ce que j'ai dit plus haut de Bayonne; je n'ai plus à en parler que relativement à la voiture de Madrid. La diligence que l'on prend à Bayonne est espagnole quant au personnel, mais française quant à la confection et quant aux relais. Vous avez le *mayoral* et le courrier; mais l'attelage se compose encore de chevaux. A Irun, la diligence perd entièrement son allure française : la mule bâtarde succède au noble cheval. Le personnel augmente. Outre le mayoral et le postillon, se présente un petit courrier de onze à douze ans quelquefois ; il monte à cheval et doit conduire les mules du devant. C'est le *condamné à mort*, dit-on généralement, parce qu'il va d'Irun à Madrid sans désemparer, sans s'arrêter à peine, bridant et dételant lui-même son cheval, et, — ce qui rend son service plus fatigant encore que celui de nos courriers extraordinaires, — allant tantôt au pas, tantôt au petit ou au grand trot, tantôt au galop, et administrant, le long de la route, quelques coups de fouet aux mules les plus entêtées. Enfin, avec l'*escopetero*, qui va s'asseoir sur un siége disposé tout en haut de la diligence, et derrière, le personnel est au complet. L'*escopetero*, ou fusilier, mérite une mention toute particulière; c'est, aux yeux des voyageurs, un personnage tout à fait problématique, ennemi des voleurs ou voleur lui-même. Plusieurs Espagnols m'ont dit que l'escopetero, en général, avait mauvaise réputation. Je ne le veux point croire. J'en ai vu beaucoup qui avaient la figure, les manières et les procédés d'honnête homme. Toujours est-il, qu'à mon avis, la sûreté que promettent un ou deux escopeteros en faction sur la diligence est une véritable illusion, et que cette précaution-là sert plutôt à jeter dans l'esprit des voyageurs mille idées sinistres sur les voleurs ou les factieux qu'on peut rencontrer en Espagne. Les bandits de la Manche ou de l'Estramadure ne sont sans doute pas assez sots pour attaquer une diligence, à moins d'être en nombre. Et que feront alors ces deux escopeteros couchés là-haut, avec leur arme rouillée et leur ceinture de cuir à cartouches? leur résistance sera peut-être maladroite, et transformera les *Diavolos* en *Schinderhannes*.

Pourtant, sous l'égide de l'escopetero, à la grâce du petit courrier, et selon les volontés du postillon, — continuons notre route. Je compte sept mules attelées à la diligence, sept mules, plus un cheval. L'attelage va deux à deux. On part, et voici que nos oreilles entendent un flux de paroles à peu près inintelligibles, même pour bien des Espagnols. Le postillon tient conversation avec ses mules, conversation des plus étranges, qu'il serait hasardeux de traduire, mais qu'il est bon, cependant, de faire connaître en substance, à cause de son originalité. Le postillon a baptisé ses mules, et il les appelle par leurs noms. — Ici, *la Noire;* marche, *la Belle;* travaille, *l'Indomptable*. Il dit à chacune ses défauts : — Oh! *la mala* (la mauvaise)! — *què bestia!* etc., etc. Il les flatte dans l'occasion : — Ah! voilà une mule qui est bien gentille, à la bonne heure; elle travaille bien, la petite. Enfin, il les menace : — Cette mule aura du fouet, du bâton, etc., le tout accompagné d'une foule de jurons, dont le moindre est encore *caramba*! Les mules sont de moitié dans ce langage. Au premier mot du postillon, il faut les voir dresser les oreilles, se pavaner, ralentir ou presser le pas. Si quelqu'une est indocile ou rue trop fort, notre postillon, agile comme un Basque, descend, c'est-à-dire saute de son siége[1], et court lui administrer la correction accoutumée, qui dure parfois plusieurs minutes. Dans certains moments, la conversation avec les mules devient générale. Le petit courrier, le mayoral, le postillon, crient tous ensemble, — trio de basses-tailles auquel il ne manque plus qu'un accompagnement de trombones; mais c'est assez parler de la diligence, touchons quelques mots des habitants et de la nature de la province limitrophe.

Le pays basque, que j'appelle la Normandie de l'Espagne, montre au voyageur ses vallées et ses collines bien cultivées et de riant aspect, jusqu'à *Vitoria.* Des rivières abondantes, des ponts pittoresques s'y rencontrent à chaque pas : les rivières coulent sur des lits de roches, et des murs de pierres granitiques y forment des barrages ou plutôt des cataractes factices du plus charmant effet. Les ponts sont la plupart de construction ancienne, et quelques-uns, tombés ou près de tomber en ruines, semblent ne tenir encore que grâce aux touffes de lierre qui leur servent de manteau. Vous pouvez croire que vous n'avez point quitté la France, en contemplant cette nature fraîche et vigoureuse, si bien mise à profit par les laborieux habitants de la province de Guipuzcoa. Si vous avez établi des comparaisons entre ce pays et la France, vous n'avez pu, jusqu'alors, remarquer — que la différence du costume; que l'aspect de désolation de deux ou trois villages presque entièrement ruinés, brûlés, dépeuplés par la guerre civile; que les croix de granit élevées

[1] Le siége du postillon et du mayoral, dans les diligences espagnoles, est à peu près à la même hauteur que celui des voyageurs du coupé.

aux limites des champs, les unes assez habilement sculptées, les autres abritées sous une toiture soutenue par quatre colonnettes, les dernières, enfin, accompagnées de la Vierge, de saints, d'anges et d'archanges; que les magnifiques balcons en fer de Biscaye, placés aux fenêtres des habitations les plus humbles, je dirai même les plus misérables; que plusieurs façades de maison grossièrement peintes à fresque, où sont représentés le plus souvent des sujets tirés de la vie commune, tels qu'Un cavalier rentrant dans sa maison, ou Deux femmes se rencontrant, ou Un homme chargé d'un fardeau, etc.; que les portes de bois brodées de clous de fer, petits et ronds comme des pois; que les portes d'entrée de villes ou de villages, ayant une allure fière et martiale; que les blasons, écussons, armoiries, derniers vestiges de l'ancienne, noble et chevaleresque Espagne [1]. Vous avez admiré le paysage, presque toujours encadré dans les montagnes; et, peut-être, vous avez assisté à un de ces sublimes spectacles, à une de ces apothéoses des monts dont on est émerveillé, lorsque, le matin, un épais brouillard enveloppe et dérobe aux regards les cimes les plus élevées, et que le soleil, apparaissant tout à coup, veut se frayer un passage au milieu de cette poussière de pluie qu'il change en poussière d'or. Déjà les églises vous ont étonné par la multiplicité de leurs ornements et par l'absence de chaises et de bancs. Toutes ces choses seulement, pour vous nouvelles, vous prouvent que la frontière est loin.

[1] A Villa Franca, sur la façade d'une vieille maison décorée du blason obligé, j'ai lu un verset de saint Matthieu, écrit — sculpté en langue espagnole, sur une ou deux lignes, à la hauteur du premier étage.

Il y a une différence très-sensible entre les Pyrénées de l'Espagne et les Pyrénées de la France. Les premières sont plus sauvages, et la route qui les traverse a plus de pente et aussi plus de tournants. J'ai vu, en passant, la magnifique vallée d'Oyarzun, où croissent les pommiers, où les champs ont une verdure septentrionale. Mon étonnement, à la vue d'une telle végétation, cessa bientôt quand j'arrivai à Astigarraga. C'est là qu'on trouve la première *posada* (hôtellerie). Pour monter dans les appartements, il faut traverser presque l'écurie. J'eus mauvaise idée de la propreté et du comfortable de la maison; une certaine odeur de porc s'y faisait sentir. Enfin, le mieux était de prendre la chose gaîment, de dîner et de se coucher jusqu'à une heure du matin. Par bonheur, la posada n'avait que mauvaise apparence: tout y était propre et bien servi. Un usage, inconnu en France, a cours dans les auberges espagnoles : à leur descente de voiture, on mène les voyageurs dans une chambre garnie de cinq ou six lavabo pleins d'eau fraîche. Il y a aussi la chambre de toilette pour *las señoras*. C'est un parfait allégement offert à la fatigue, et qui ne nuit point à l'appétit : aussitôt après cet exercice, on passe *al comedor* (à la salle à manger).

Que dire de mon premier repas en Espagne! La table était presque somptueusement servie, et les hôtes étaient nombreux et de bonne compagnie, du moins en apparence. Mais, hélas! j'éprouvais comme le supplice de Tantale; on *sentait* que le vin avait passé par les peaux de bouc; l'huile d'olive n'avait pas acquis sa supériorité, faute de raffinement; les épices empoisonnaient tous les plats. Quelques voyageurs, comme moi non accoutumés à la cuisine espagnole, portaient leur assiette à leur nez avant de manger la première bouchée : et il était rare que le mets triomphât de cette épreuve. Là, commença pour moi le régime des *huevos y chocolate*, des œufs et du chocolat, nos deux planches de salut. La *olla podrida* me parut, à moi, plus que mangeable; mais ces poulets, gros comme des pigeons, et cuits et recuits à l'eau comme des poules; mais ces sauces colorées d'huile, de graisse, de piment, et parfumées d'ail, faisaient faire la grimace à la plupart des visages français. Chose singulière! on servit du cidre, et je ne tardai pas à apprendre que le cidre était une des boissons du pays jusqu'à Vitoria. Je trouvais alors l'explication des champs de pommiers que j'avais rencontrés sur la route. Le dîner achevé, on se coucha dans de bons lits pour jouir de quatre heures de sommeil. A une heure du matin, il fallut remonter en diligence. La servante de l'auberge m'apporta une tasse de chocolat: la tasse de chocolat, en Espagne, n'est véritablement qu'une mystification; elle comporte à peu près le sixième des nôtres, et je vois qu'on suit trop, là-bas, à son égard, la maxime de « peu et bon. »

Ainsi, je prenais, chemin faisant, quelque idée des usages espagnols. A Ernani, dix réaux, ou cinquante sous donnés au douanier lui fermèrent les yeux, et m'épargnèrent la peine d'ouvrir ma malle. Je trouvai cette manière d'agir expéditive pour le voyageur, mais condamnable au point de vue administratif. Comment en serait-il autrement? Ces pauvres commis ne sont pas payés : ne vaut-il pas mieux qu'ils vivent en bonne intelligence avec les voyageurs, et que leurs bénéfices proviennent des dons qui leur sont faits, plutôt que de confiscations? Ernani n'est guère célèbre que pour avoir vu naître le capitaine Juan de Hurbieta, qui fit François I prisonnier à la bataille de Pavie. Tout auprès de là se présenta à mes yeux un spectacle vraiment affreux, celui d'un village entièrement ruiné par les dernières guerres, et qu'on nomme, je crois, *Banieta*. Ce village fut incendié par les Anglais débarqués à Bilbao, lorsqu'ils eurent été complétement défaits par les troupes ennemies. On n'y voit plus maintenant que des maisons dont il reste à peine la charpente, des fenêtres à moitié bouchées, des murs de boue remplis de meurtrières, et quelques cabanes toutes fraîches construites. En passant dans ce lieu de désolation, on s'indigne contre les horreurs de la guerre. Les hommes ne se contentent pas de s'entre-tuer, mais encore pillent, ruinent ou brûlent les habitations! Banieta, peut-être, ne se relèvera jamais!

Pour me distraire un moment de ces pensées tristes, je n'eus qu'à regarder avec attention la campagne. J'étais aux environs de *Tolosa*, la ville manufacturière :

> Tolose a des forges sombres
> Qui semblent, au sein des ombres,
> Des soupiraux de l'enfer.

a dit M. Victor Hugo dans ses strophes sur *Grenade*,— où il fait une description à la fois poétique et comme encyclopédique des Espagnes. A l'entrée de Tolosa, près du beau pont qui y conduit, un grand nombre de soldats dormaient encore étendus sur le pavé, à côté des chariots qui contenaient leurs bagages. Leurs figures portaient les traces de la fatigue que n'avait pu sans doute alléger un sommeil en plein air. Il était environ cinq heures du matin; quelques-uns d'entre eux étaient déjà debout. Je ne m'étonnai pas de la réputation conquise par les soldats espagnols de résister à la fatigue : les malheureux se dirigeaient à marches forcées vers la Catalogne, si troublée encore, trois ans seulement après l'accord de *Vergara.* Ainsi, à chaque pas se présentaient des sujets de réflexions amères. A l'heure qu'il est, en Espagne, tout porte les traces ou de la guerre de l'Indépendance ou de la guerre civile; ce que la première avait épargné, la seconde l'a détruit en partie ; et que Dieu garde ce pays d'une troisième ère de commotions, s'il n'en a pas décidé la ruine totale!

L'événement de Vergara est une époque fameuse, et il fallait bien ce souvenir-là pour donner audit lieu quelque importance. La société patriotique y fonda, en 1765, un séminaire qui ne peut être considéré comme un monument d'architecture. En 1839, c'est à Vergara que Maroto et Espartero se donnèrent la main.

Le *mayoral* ne manque pas de nous en instruire, et heureux s'il n'entame point à ce sujet quelque conversation politique à laquelle nous n'entendons rien, ou peu de chose, quand même nous parlerions castillan. Don Carlos s'est retiré vers la Navarre, après avoir séjourné assez longtemps dans un petit village situé sur des montagnes environnantes. On nous en montre le chemin, et puis les conversations politiques recommencent, quelquefois pendant cinq lieues, jusqu'à Vitoria; car, il faut bien le dire, les ardeurs politiques semblent avoir remplacé les ardeurs religieuses dans le cœur des Espagnols. Chez quelques-uns, le fanatisme n'a fait que changer de vêtement; chez la plupart, ces ardeurs politiques proviennent de leur sincère amour de la patrie, si profond, si louable, et si nécessaire à la nationalité d'un peuple. Le patriotisme est le feu qui vivifie une nation; tant qu'il reste une étincelle, il y a espoir de revoir briller la flamme.

Insensiblement, au milieu de toutes ces réflexions, je suis arrivé à Vitoria, capitale de la province d'*Alava*, une des plus petites et la moins peuplée des quarante-neuf provinces de l'Espagne. Cette ville, en partie située à l'entrée d'une plaine fertile, est assez belle, surtout en ce qui regarde ses constructions modernes. Sa *plaza nueva*, datant de 1791, est l'œuvre de l'architecte D. Justo Antonio de Olaquibel. C'est une cour entourée de bâtiments symétriques, à arcades, comme la place Royale de Paris, moins son plant d'arbres, moins ses maisons de briques. Les arcades de la *plaza nueva* sont ornées de boutiques; j'y ai compté plus de cinq *estancos* (bureaux de tabac), ce qui a bien sa signification, car, le soir, les habitants de Vitoria, officiers, jeunes gens et jeunes filles, viennent se promener dans les galeries pour causer amour ou politique. On lit sur une façade des bâtiments, au-dessus de l'horloge, ces mots écrits en grosses lettres :

VIVA ISABEL II!
VIVA LA CONSTITUCION!

Vitoria possède en outre deux belles promenades, dont un *Prado* proprement dit, orné de statues, de bancs de pierre et de gazon. C'était la première fois que je voyais les promenades espagnoles, et telle est à peu près leur pourtraicture, dont j'indiquerai plus tard les variantes, lorsque nous voyagerons dans le centre ou dans le midi de l'Espagne :

La SENORA (dame), ou SENORITA (demoiselle) : de beaux cheveux longs et noirs, bien soignés, que laisse voir une mantille garnie de blonde et la plus transparente possible. Elle sait profiter de tous ses avantages; le jupon de sa robe est court, justement parce que sa jambe est fine, et que son pied est le plus mignon du monde; elle a les bras nus et les mains emprisonnées dans un gant de simple filet, autant pour faire admirer leurs formes parfaites que pour se soustraire à la chaleur du jour. Elle est décolletée, trop peut-être; mais ses épaules sont si bien attachées! et puis, comme elle ouvre et ferme gracieusement son éventail, qui, pour elle, est toute une contenance! Si elle est jolie quelquefois, toujours ses yeux sont feu et velours, selon l'expression si juste de M. de Balzac. Il semble que toutes les señoras ont adopté un uniforme; elles sont, en général, habillées de blanc ou de noir.

L'officier: l'épée au côté, le jonc à la main, fumant le cigarre ou le simple *cigarro* (la cigarette). Il est le plus souvent fort jeune, et honoré de cinq ou six rubans et décorations. On croit d'abord qu'il s'agit simplement des élèves des écoles militaires : point, ce sont quelquefois des commandants, ayant sous leurs ordres de vieux soldats aguerris. Leur jeunesse n'ôte rien à leur courage, mais l'expérience leur manque. L'officier espagnol a bonne façon, il commence à placer ses épaulettes à la française; son costume est varié presque jusqu'à la fantaisie, et il porte un certain air chevaleresque, qui se marie fort bien à sa galanterie exquise près des señoras.

Le bourgeois, au costume moitié français, moitié espagnol. Il a bien souvent dans les mains un journal, *la Gazeta de Madrid* ou *el Eco del commercio:* le bourgeois est partout le même, en France, en Angleterre, en Espagne, et il faudrait connaître les détails de son intérieur, pour pouvoir le rendre intéressant.

L'homme du monde, le grand d'Espagne, avec les dehors français, le chapeau gris, la canne à pomme d'or, le pantalon blanc, les bottes vernies, la chaîne d'or, suivant, à un an près, les modes de Paris. Il donne le bras à une señora dont la mise est des plus élégantes, et dont la mantille est toute de dentelles. La figure de l'homme du monde est expressive, gracieuse; sa conversation est animée et souvent bruyante. Ses cheveux sont courts et noirs; il porte les moustaches, quelquefois la longue barbe. Somme toute, c'est un brillant cavalier.

L'homme du peuple : tête fière et brunie, manières de grand seigneur. Il parle à tout le monde avec un ton d'égalité qui fait plaisir, et qui est toute républicaine. Sans hésitation, il va vers le grand d'Espagne, et lui disant «*l'Hagame usted el favor* (accordez-moi la faveur)» de rigueur, il s'apprête à allumer son cigare avec le sien. L'homme du peuple a gardé avec raison son costume national, son chapeau de feutre pointu, son manteau brun. Aucune physionomie n'a plus de vivacité que la sienne, et je ne lui en veux pas de froncer le sourcil lorsqu'il parle des Français et de la guerre de l'Indépendance. Et puis, sans doute, ses allures sont plus farouches que ses sentiments, et celui qui pourrait lire au fond de son âme y trouverait de bonnes pensées. On nous a tant de fois représenté sur nos théâtres des brigands espagnols, avec le costume de l'homme du peuple, qu'il est impossible au voyageur de se défendre d'une certaine émotion pénible, la première fois qu'il voit porter le manteau brun. Un stylet est-il caché là-dessous? mais le stylet *s'en va*, Dieu merci, et je puis dire, dès l'abord, que je n'ai pas eu le bonheur d'en voir un seul pendant mon excursion en Espagne. Il suffit bien du long couteau ou *eustache* de Murcie.

La vieille femme : autant le costume espagnol sied aux jeunes señoras, autant il va mal aux vieilles. Imaginez donc quelque chose de plus laid que ces cheveux gris et rares exposés aux regards de tous, alors que, pour surcroît de malheur, le front est déprimé, le teint pâle, les tempes sont creusées, les yeux cernés. Aucun artifice de toilette ne vient en aide à cette nature en désastre; le décolleter ne sert plus qu'à laisser voir de sèches et maigres épaules; et les bras, restés nus, ont perdu leur molle rondeur. Le bonnet ou le chapeau, la robe montante, les manches longues, conviennent si bien aux femmes âgées! Avec leur costume, les Espagnoles devraient toujours avoir vingt ans.

Je pourrais allonger indéfiniment ce petit dictionnaire, mais je n'oublie pas qu'à peine j'ai fait mon entrée en Espagne, et que je ne suis encore qu'à Vitoria. Après ma promenade au Prado, il me faut parcourir la ville, regarder les maisons, considérer avec attention les églises, chercher à saisir l'aspect général de la population. C'est la besogne du voyageur, dont la première vertu est la curiosité, dont les premières qualités sont de bonnes jambes, la mémoire des lieux et cette ardeur qui fait triompher de la fatigue, en chassant celle de la voiture par celle de la marche à pied : moyen homœopathique, et que j'emploie toujours.

Comme presque toutes les villes, Vitoria a sa partie vieille et sa partie neuve : il semble qu'il y ait aussi deux populations, l'une vivant à l'ombre, dans des rues étroites, dans des maisons à tournure de caves, l'autre respirant le grand air, choisissant les rues larges où le soleil fait visite qui dure, les maisons de belle apparence, vastes et commodes. Cette population-ci vit réellement, celle-là végète. Les balcons sont plus nombreux et plus riches, à mesure que nous pénétrons plus avant dans l'Espagne. D'épais rideaux de toile ou de coutil recouvrent la plupart des fenêtres. Et la coutume en est tellement suivie, que les habitants de la partie vieille de la ville ont aussi des balcons et des rideaux, là où la lumière du soleil ne peut pénétrer : c'est comme si l'on plaçait des trottoirs dans nos ruelles, pour garantir les piétons des voitures qui ne passent point. J'ai vu à Vitoria plusieurs façades de maisons peintes à fresque, et quelques tronçons de sculpture moyen âge, des casques de granit surmontant des blasons, des corniches avec des devises. Mais ce qui m'a frappé le plus, ç'a été de trouver sur les façades des églises ou chapelles, et même à l'entrée d'une foule de demeures particulières, soit une épée tracée au rouge, soit deux épées en sautoir accompagnées d'une croix. Était-ce un souvenir de la guerre civile, ou simplement des marques faites par l'administration locale? je l'ignore. Pourtant ces signes-là, si souvent répétés et quelquefois placés à côté du sceau épiscopal, m'ont intrigué beaucoup, sans que j'aie pu en connaître l'origine ni l'explication. Quelqu'un me dit ingénument que c'étaient des restes de l'inquisition : charmant *cicerone*, il aurait dû savoir ou se rappeler la réponse du ministre espagnol à Voltaire, qui le priait de lui envoyer les deux oreilles du grand inquisiteur : « Il y a longtemps qu'il n'existe plus. »

Ceci m'amène à vous dire que certains voyageurs, aussitôt le pied mis en Espagne, n'ont à vous parler que d'inquisition, de moines, de stylet, de guerillas, comme si tout cela n'avait pas, en général, disparu depuis longtemps. Outre les signes dont j'ai parlé, signes pour moi hiéroglyphiques, je vis souvent les trois croix de Jésus et des larrons clouées sur les murs; elles sont en bois, et celle du Christ seule a une tête. Enfin, il m'est arrivé, à Vitoria, d'apercevoir de loin une tour, un portail, des fenêtres à vitraux, tout ce qui constitue un monument religieux; je me suis approché, et, à l'entrée, un soldat espagnol en faction m'a appris que cette église était métamorphosée en caserne. Ainsi, déjà commençait à se révéler la grande révolution opérée depuis peu dans le pays, c'est-à-dire les couvents fermés ou abattus, et l'autorité militaire substituée à la puissance religieuse. Une église devenue caserne à Vitoria n'est pas, après tout, chose fort étonnante, si l'on songe que cette ville donne entrée dans les Castilles, et que son sort intéresse toute l'Espagne. La garnison y est nombreuse; le militaire a déjà meilleure tenue : on se réconcilie avec les soldats espagnols, en oubliant bien vite le factionnaire du pont de la Bidassoa, et tous ceux qu'on a rencontrés sur la grande route. A Vitoria se rattachent surtout deux souvenirs, le dernier tout personnel pour moi. Aux environs, en juin 1813, se livra une bataille décisive, par suite de laquelle les Français évacuèrent l'Espagne; et dans un couvent de la ville même, un mien oncle, soldat de Napoléon, manqua, disait-il, d'avoir *les pieds sciés* par les derniers représentants de la Sainte-Inquisition. Je n'ai revu ni le couvent, ni les inquisiteurs.

Je ne dirai rien de l'hôpital de *Santiago*, qui ressemble à tous les autres, mais qui est fort considérable. Des églises, j'en dirai peu de chose. Dans la cathédrale, je crois, qu'on a nommée devant moi *Santa-Maria*, église dont l'entrée est seule digne d'attirer les regards, j'ai vu une Cène qui mérite une scrupuleuse description : Les douze apôtres sont réunis autour d'une table, sous la forme de statues habillées absolument comme des poupées, d'autant plus que les costumes ont le moins de ressemblance possible avec ceux dont les Juifs étaient revêtus. Les figures sont peintes : Jésus a la barbe blonde, et Judas, le traître, a les historiques cheveux rouges. De loin, à mon entrée dans l'église, je prenais ces statues pour des hommes priant dans une chapelle, et je m'abstenais d'aller de leur côté, de peur de troubler leur prière.

Bientôt, cependant, leur immobilité me tira d'erreur, et je m'approchai pour contempler à l'aise cet incroyable chef-d'œuvre de sculpture-mannequin. On voit aussi, à quelque distance, Jésus au mont des Oliviers, composé sans doute et exécuté par le même artiste. L'homme-Dieu est agenouillé devant une grande branche d'olivier véritable. C'est avec ces objets-là qu'on se fait une idée de l'ancien culte espagnol, et jusqu'alors je n'avais rien vu d'aussi semblable à une décoration de théâtre. Il y a tout un Chemin de la croix dans ce style.

Dès Vitoria, je pus m'initier aux mœurs espagnoles externes. A peine étais-je descendu de voiture, que j'aperçus dans la salle où *el aduanero* (le douanier) faisait la visite de mes deux petites malles, une guitare appendue au mur, instrument vénérable recouvert d'une légère couche — de poussière selon les uns, — de crasse selon les autres, mais auquel il ne manquait aucune corde, preuve qu'il était toujours en disponibilité de service. J'eusse voulu, pour un moment, voir saisir la guitare susdécrite par un abbé qui se trouvait là, car alors j'aurais pensé considérer au naturel le don Bazile de Beaumarchais, avec son chapeau qui s'en va menaçant le ciel. Par malheur, l'abbé en question s'occupa tout prosaïquement de ses affaires, et je ne me trouvai bientôt plus en communion de souvenirs avec Beaumarchais que par l'arrivée d'un barbier de Vitoria, ayant sous le bras le plat à barbe et la serviette, et qui, plus par ses gestes que par ses paroles, me fit comprendre qu'il s'offrait à me raser. Je refusai, car je n'ai pas ces vilaines habitudes-là, surtout en voyage, et je regardai s'éloigner mon homme avec sa serviette et son plat à barbe. Il maudissait, bien sûr, dans son âme, le *mauvais* Français dédaigneux des soins d'un barbier tel que lui. A l'heure qu'il est, en Espagne, le barbier a son importance ; il a parfois des enseignes, vrais tableaux de genre, exposés sur la porte de sa boutique, et on y lit presque toujours les mots : *Cirujano y comadron* (chirurgien et accoucheur). Le rasoir et la lancette sont frère et sœur, comme vous voyez.

Cependant Vitoria était sur mon passage, et je n'y voulais point séjourner. Il me tardait d'arriver à Madrid. Il fallut se remettre en route. Deux heures suffirent pour nous mener hors de la province d'Alava. A la *Puebla*, le costume changea complétement, et je remarquai combien celui des habitants de la Vieille-Castille était différent de ceux des provinces basques. De la *Puebla* jusqu'à la rivière de l'Èbre la route est bien entretenue, bordée d'arbres, aussi belle qu'une route de France. Du reste, rien de remarquable avant l'Èbre. Mais là, le pays redevient pour un instant pittoresque, grâce à la rivière qu'on y traverse sur un beau pont. *Miranda de Ebro* est à une demi-lieue plus loin, Miranda défendue par un fort, ville désolée, la première de la Vieille-Castille qu'on rencontre en venant de Bayonne. La dernière douane est là : les douaniers y sont difficiles et n'en demandent pas moins une gratification. Quel contraste ! Quel malheur pour l'Espagne ! Des employés du gouvernement tendent la main, juste en face de ces deux blasons de pierre qui s'élèvent, à l'entrée du pont sur l'Èbre, en face de ce lion de Castille que Charles-Quint avait rendu si terrible et si fier ! Est-ce qu'un souffle destructeur a passé sur cet ancien empire ? Nous traversons l'Èbre ; nous sommes dans la Vieille-Castille. *Pancorvo*, par lequel passe la petite rivière de l'*Oroncillo*, est situé dans le plus étroit d'une vallée, entre deux montagnes de chaux, qui appartiennent aux chaînes *Oca*, où les Pyrénées se joignent aux monts les plus septentrionaux de l'Espagne.

Deux collines très-élevées donnent passage par un chemin qu'on appelle *la Garganta*. On a raison de dire que c'est là un des sites les plus effrayants d'aspect qu'il y ait en Espagne. A son arrivée, le voyageur est saisi d'une certaine crainte; il lui semble que les rochers vont tomber sur sa tête et encombrer toute la route. Et ce n'est pas une terreur vaine; quelquefois il s'en détache des parties énormes qui se précipitent avec fracas, et remplissent les environs du bruit de leur chute. *La Garganta* n'a pas plus de cinquante pas de large. A droite de ce lieu sauvage, au-dessus d'une hauteur, se trouvait autrefois la célèbre batterie de *Santa-Barbara*, détruite par les Français en 1823, lors du passage du duc d'Angoulême. A peine, aujourd'hui, aperçoit-on quelques vestiges des forts et des murailles qui défendaient Pancorvo. Peu d'endroits sont aussi pittoresques que *la Garganta;* et dans l'hiver, quand ces rochers à pic sont couverts de neiges, ce doit être un magnifique spectacle que celui dont on peut jouir, en se tenant sur la côte que domine le château-fort.

Mais au point où nous en sommes, il faut pour quelque temps oublier les montagnes. Trente-cinq lieues de plaines s'étendent en face de nous jusqu'à Burgos; des mers de blés et de maïs, quelques plants d'arbres çà et là à l'entrée des villages, quelques *ventas* (hôtelleries), quelques monastères à demi ruinés, — la variété du paysage ne va pas plus loin. A *Briviesca*, je remarquai, pour la première fois, *los trilladores* ou batteurs de blé. Les Castillans, les Espagnols en général, n'engrangent pas le grain; ils n'ont pas, comme nous, à craindre les longs jours de pluie pendant l'été. Sur place, sans désemparer, ils achèvent le travail des moissons. Le fléau leur est peu connu. Le blé se sèche au soleil; après, des paysans l'étendent à terre, comme s'il s'agissait de couches de fumier. Au lieu du fléau, ils emploient le *trillo*, c'est-à-dire une sorte de traîneau en planches, armé de cailloux tranchants. Des chevaux ou des ânes y sont attelés, et le *trillador*, tenant un fouet, est debout sur le *trillo*, comme un triomphateur romain. Les chevaux tournent, font le manége; la pression, motivée par le poids du traîneau et par l'action des cailloux, sépare le grain d'avec l'épi, et coupe la paille. Puis, *los trilladores* enlèvent cette paille hachée, et ramassent les grains de blé qui se sont fait jour au travers. Cette prompte et habile manière de battre le grain existe depuis un temps immémorial en Espagne.

Bientôt la diligence ne suit plus de chemin tracé et roule sur l'herbe roussie de la plaine. Au loin, des tours apparaissent, car pendant quarante lieues, nous n'avons rien vu qui ressemblât à un monument. On aperçoit aussi un antique couvent qui contrebalance l'attention portée sur la cathédrale de Burgos; c'est le monastère de *las Huelgas* (des loisirs), ainsi nommé, à ce que l'on croit, parce qu'autrefois, sur l'emplacement même, s'élevait un château de plaisance pour les rois de Castille. Sa fondation remonte à don Alphonse VIII, qui fit bâtir ce couvent en expiation de ses péchés, auxquels il attribuait la défaite d'Alarcos. Le monastère édifié, il s'en suivit pour récompense la fameuse bataille de *las Navâs*. Jamais couvent de religieuses n'eut plus de priviléges, ni plus de juridiction, ni plus de dépendances. L'aspect de ce monument, où tant de richesses ont été enfouies, n'a rien d'imposant : c'est une agrégation d'architectures de tous les styles et de toutes les époques; c'est une sorte de musée en désordre, mais où l'on peut étudier une grande partie de l'art espagnol. Par ses murailles, le monastère de las Huelgas ressemble à une forteresse; l'ogive seule revient lui donner un caractère religieux. Au dedans, un cloître, dit *la claustrilla*, est peut-être un reste du château de plaisance d'Alphonse VIII. Le style byzantin y domine; on y trouve lės cintres et les doubles colonnes basses, les doubles fûts et chapiteaux. Les galeries, assez vastes, sont par malheur à demi ruinées, et l'herbe croît dans les interstices des dalles, comme les plantes grimpantes entre les parties démolies des murs. Il n'est pas besoin d'abattre ce couvent, le temps s'en chargera, et ce sera un poids de moins sur la conscience des hommes de la *bande noire* espagnole. Ce couvent est à un quart de lieue de Burgos, au milieu d'un massif de beaux peupliers, dont le vert tendre réjouit la vue fatiguée par les arides campagnes qui entourent l'ancienne capitale de la Castille. En entrant dans Burgos, chacun laisse échapper un cri d'étonnement. Comment! c'est là que les anciens rois de Castille ont tenu leur cour! ils ont mené leurs chars de triomphe au travers de ces rues tortueuses! ils ont établi là leur résidence jusqu'à ce que Charles-Quint eût eu la mauvaise pensée de se fixer à Madrid! Là est né le Cid, le géant guerrier de l'Espagne! — Burgos est si peu de chose aujourd'hui! un grand demi-cercle rempli de maisons, triste, parce que les hommes du peuple y sont en général mal vêtus; froid, puisque le climat de Burgos est un des plus humides de l'Espagne; inanimé, parce que la ville n'est pas peuplée en raison de sa grandeur.

Avant de visiter Burgos, je recueille mes souvenirs, pour résumer les impressions diverses qu'a produites sur moi l'entrée en Espagne.

Mon départ avait été, comme celui de tous ceux qui se décident à entrer dans la Péninsule, un véritable acte de courage.

« Vous avez tort, disait l'un de mes *conseilleurs;* l'Espagne n'est pas aussi curieuse à voir qu'on le prétend. Si ce pays est moins connu que les autres, c'est tout simplement parce que les voyageurs en sont revenus désabusés, et n'ont pas cherché à y envoyer leurs amis.

— Vous avez tort, disait l'autre, le peuple espagnol est un peuple de sauvages, qui n'a aucun égard pour les étrangers. Il vous arrivera malheur.

— Vous avez tort, ajoutait un troisième. Ignorez-vous que ce malheureux pays est toujours en guerre civile, que tout est désordonné et confondu? N'allez pas en Espagne : prenez plutôt le chemin de la *riante Italie.*

— Tu as tort, disait enfin cet oncle qui avait failli mourir torturé à Vitoria, tu as tort. Le pays est beau... « mais les habitants ne valent pas le diable.» Ils sont traîtres et vindicatifs. J'ai fait la guerre par là, et je sais ce qu'il en retourne. Si tu échappes aux brigands, tu tomberas peut-être sous le stylet d'un Espagnol jaloux; si tu supportes l'excessive chaleur de la Castille, tu ne résisteras peut-être pas aux influences malignes des fruits. Tiens, si tu m'en crois, va plutôt en Allemagne. »

J'étais comme un Robinson-Crusoé, et il me souvient que je fis mon testament avant de partir. J'avais triomphé de toutes ces observations plus ou moins admissibles. J'avais mon voyage en tête, et je voulais l'exécuter. Pourtant, les derniers troubles de la Catalogne ne laissaient pas que de m'inquiéter un peu. Mais quelque chose me disait que j'avais raison d'aller par là; et je me mis en route. Arrivé à Bayonne, les observations avaient recommencé. A entendre une foule de gens, les diligences ne marchaient pas la nuit, à cause des voleurs; il n'y avait pas d'auberges aux stations, et je devais presque toujours voyager à pied ou à cheval. Ah! me disait-on, à une lieue et demie de Madrid, bien sûr, la diligence sera dévalisée! Aussi, fallait-il monter en voiture en se signant et en fermant les yeux, comme lorsqu'on est poursuivi par des bêtes féroces et qu'on cherche son salut dans un saut de quarante pieds. Je savais à peine quelques mots d'espagnol, et il semblait qu'aucun habitant de Madrid même ne dût comprendre le français. Ah! pauvre victime que j'étais! Les Bayonnais nous regardaient passer avec un certain air de commisération, nous, imprudents voyageurs, qu'ils regardaient probablement comme des condamnés à mort entassés dans la fatale charrette. On nous avait conseillé de changer notre argent en lettres de crédit, — avec forte commission. Qui sait! les banquiers de la frontière spéculaient peut-être sur notre peur? Pour mieux faire encore, nous eussions dû sans doute acheter des pistolets, et cinq ou six couteaux-poignards. Le mayoral lui même, le conducteur espagnol, était assez maladroit pour répéter souvent : *mal camino a causa de ladrones*, mauvais chemin à cause des voleurs. C'était une pitié, et notre cœur se serra presque, au moment même où nous mîmes le pied sur le territoire espagnol. Eh bien! qu'en était-il advenu jusqu'alors? Les endroits les plus *périlleux* des Pyrénées avaient été franchis sans encombre, et l'*escopetero* en avait été pour sa charge de fusil. Le lecteur sait les différences existantes, à quinze ou vingt lieues loin, entre la France et l'Espagne. Après tout, les sauvages étaient encore assez civilisés; j'avais trouvé d'aimables compagnons de voyage, des postillons *bons enfants*, qu'on me pardonne cette expression sans synonymes; et toutes les objections qui avaient précédé mon départ ne me paraissaient plus que des craintes puériles. Pas un endroit où quelqu'un ne pût me comprendre. Les paysans n'étaient pas plus malpropres qu'en Bretagne, et, avec raison, je ne m'étais point effrayé de leur rencontre, parce qu'ils portaient un fusil en travers sur leur cheval. Si les choses étaient mal administrées, j'en trouvais l'excuse dans les sept années de guerre civile qui avaient désolé l'Espagne; et je m'étonnais même, avec beaucoup de voyageurs, que, dans un pays où le gouvernement n'a point d'autre pensée que celle de sa propre conservation, dans un pays où il n'y a point de police établie, où chacun veut être maître, parce qu'une volonté fixe ne commande pas, il ne se commît point à tout instant quelque crime. Le patriote français le plus exclusif nierait-il qu'en France, un terrain aussi propice aux bandes de voleurs que l'est celui de l'Espagne ne dût pas être promptement mieux mis à profit par les mauvaises gens? L'Espagnol est toujours sur le qui-vive, parce que personne n'est payé pour veiller sur lui ou sur sa propriété. Ces lieues entières qu'on parcourt sans rencontrer aucune habitation, ne peuvent tranquilliser le voyageur. Puis, beaucoup de gens qui ont pris part aux dernières guerres, que l'événement de Vergara a fait rentrer soudainement dans leurs foyers, n'ont parfois pu trouver des moyens d'existence, et sont devenus voleurs de grand chemin. Si le caractère espagnol était autrefois tel qu'on nous l'a dépeint, à coup sûr il s'est modifié, et le mal qui règne dans la Péninsule est avant tout l'effet des circonstances. A l'heure qu'il est, l'Espagne entière ressemble à la Vendée, après les dernières guerres des généraux républicains; l'Espagne sort d'une épreuve terrible; l'Espagne manque de population.

VOYAGE.

Burgos. — Un marché espagnol.

Voir Burgos était mon premier, sinon mon plus vif désir. J'allais y admirer un des monuments les plus remarquables de l'Espagne, la cathédrale et son chapitre tant vanté. J'allais juger par mes propres yeux de la beauté de ces édifices, toujours amoindrie ou exagérée par les récits des voyageurs. Ma curiosité était féroce. Je m'élançai vers la cathédrale comme un tigre qui a longtemps guetté sa proie. Cette couronne de clochetons que j'avais aperçus dès la plaine ; ces deux tours qui depuis plus d'une heure m'avaient annoncé la ville; ce plan immense de maisons coupant tout à coup l'horizon; ces allées d'arbres qui environnent *las Huelgas*, tout irritait mon désir de visiter l'ancienne capitale des Castilles. A présent même, dans le large fauteuil à bras où je suis si commodément assis, dans ma chambre si tranquille que je n'y entends jamais le bruit d'une voiture ou le roulement du tambour, sans croire à une révolution, devant le méchant bureau de bois complice de tous mes péchés littéraires, à présent que je *rumine* paisiblement mon voyage, il me semble encore que je descends de voiture à Burgos. Dans mon impatience, je me contentai de secouer avec indolence la poussière de ma redingote, à laquelle d'ailleurs là poussière ne nuisait pas, en la rendant vénérable, d'infirme qu'elle était. Je changeai seulement la position de ma casquette; je refis à moitié le nœud de ma cravate; j'accompagnai, en le pressant d'aller vite, *el hombre*, l'homme qui portait mon bagage à l'hôtel, et je me surpris à traverser les rues d'un air tout effaré.

La cathédrale de Burgos n'est point isolée; la place qui règne devant son portail principal est petite, raboteuse, mais, par bonheur, ornée d'une jolie fontaine. Ici, l'on descend; par-là, l'on monte pour entrer dans l'église, et sur un des côtés se trouve un corps de bâtiment, annexé à la cathédrale, fort insignifiant, fort laid à l'extérieur, et renfermant dans l'intérieur plusieurs chapelles remarquables. Dès mes premiers pas dans l'église, mon impression est contrariée. Il y a une sorte de vestibule assez spacieux, fermé par un mur sculpté enfermant le chœur, jubé *plein* et élevé, qui dérobe presque aux regards la vue générale de l'édifice, des voûtes, des colonnes, du transept, et du rétable. C'est qu'en Espagne, aussi bien qu'en Italie, la nef des fidèles est entre le maître-autel et le chœur. Nous ne voyons point d'un seul coup d'œil le vaisseau de pierre, qui va nous paraître si magnifique dans ses détails. Nous ne nous sentons point, comme à Saint-Ouen de Rouen, ou dans la cathédrale d'Amiens, ou à Sainte-Croix d'Orléans, saisis d'une émotion soudaine produite par la grandeur des lignes, par la majesté de l'ensemble. Les prêtres espagnols faisaient bâtir leurs églises pour leur usage : on dirait qu'ils tenaient à placer les fidèles entre eux et Dieu, entre le chœur et le maître-autel. Quant à moi, ce chœur malencontreux me semble une erreur d'architecture, que je signale une fois pour toutes, parce qu'elle fait ombre à la beauté des cathédrales espagnoles.

Les galeries sont pleines de mystère, et cependant un jour très-vif pénètre au travers des vitraux. Les neuf chapelles de l'église, qui toutes méritent l'attention, notamment celle de la *Présentation*, celle du *Connétable*, et celle du *Christ de Burgos*, forment des *à-parte*, si l'on peut dire ainsi. Il faut les aller chercher pour les bien voir. Ce sont neuf surprises successives qui en font désirer d'autres. La chapelle de la Présentation est de deux styles différents. Un unique et lourd pilier, des arceaux simples, des arêtes assez vigoureuses trahissent le moyen âge, tandis que tous les ornements secondaires, un délicieux balcon qui supporte un orgue miniature, des chambranles et frontons de porte très-ouvragés, les bas-reliefs du tombeau de D. Gonzalo Diaz de Lerma, accusent l'époque de la renaissance. Dias de Lerma est le fondateur de cette chapelle. Au-dessus de l'autel, on voit un beau tableau, une Vierge que le sacristain m'a dit être l'ouvrage de Michel-Ange. — De Michel Ange ! je lui répondis que cela n'était guère croyable, et qu'il voulait parler d'une copie. — Non, c'est un original. Je n'ai rien ajouté, pour ne pas émouvoir la bile de ce brave homme. Mais, en bonne conscience, Michel-Ange a fait si peu de tableaux que mon doute est au moins pardonnable. Cette copie est excellente.

La chapelle du Connétable, située derrière le maître-autel, est une œuvre plus complète que celle de la Présentation. Elle appartient tout entière au style gothique-fleuri, avec les petites flèches, les galeries, les colonnettes, les groupes sculptés, les festons et les dentelles. Une arcade à cintre brisé, à arceaux en découpures, soutenue par deux piliers dont les ornements sauvent complétement l'épaisseur, donne entrée dans la chapelle. Le soubassement de l'autel est un bas-relief représentant, je crois, l'adoration des Mages. Plus haut, dans une galerie, sont les trois statues du Christ et des larrons. Les galeries de droite et de gauche offrent pour pendants deux blasons énormes, tenus chacun par un chevalier et une châtelaine. Cela est du plus piquant effet. La voûte est élevée et majestueuse. En face de l'autel se trouve un double tombeau en marbre blanc. Là sont couchées les deux statues du connétable don Pedro Fernandez de Velasco, et de sa femme dona Mencia Lopez de Mendoza Figueroa. Ce tombeau est plus remarquable par les détails d'ornements que par l'ensemble et les formes. La chapelle du connétable se refuse, d'ailleurs, à toute description, puisque à peine le crayon pourrait rendre ses minutieuses beautés. Le moyen de représenter au lecteur ces guirlandes de blasons attachés çà et là! Ces faisceaux d'armes en pierre! Ces casques fermés qui dominent des armoiries! Et surtout, ces petites statuettes, frêles cariatides, supportant des sujets de l'Écriture sainte en ronde-bosse. C'est dans la chapelle du connétable qu'est déposé le fameux bloc de jaspe, dont le poids est à peu près de 24,450 kilogrammes.

On entre, par une petite porte à droite, au fond, dans une espèce de sacristie qui renferme aussi sa merveille, une *sainte Madeleine*, par Raphaël, — toujours selon le sacristain. Un artiste espagnol a relevé la chose : «La Madeleine a-t-il dit, est de Léonard de Vinci. » Puis un autre voyageur espagnol est survenu, ajoutant: « C'est une copie de Léonard de Vinci.» Lequel croire? Qu'il suffise de savoir que la Madeleine en question est un chef-d'œuvre, et qu'elle est bien précieusement placée dans une petite armoire faite exprès; qu'elle est cachée par un rideau que le sacristain tire avec un certain air de mystère, et avec une expression de figure qui dit aux assistants: « Hein! c'est un peu beau, ça? » Ces divergences d'opinions à l'égard des tableaux m'ont rendu méfiant, et lorsqu'il m'arriva, par la suite, de visiter quelques galeries, j'eus toujours le soin de rechercher s'ils étaient signés, affirmés copies ou originaux dans un livret.

La chapelle du Christ de Burgos veut être visitée, non à cause de son architecture, mais simplement parce qu'en la montrant, le sacristain raconte au voyageur une histoire fort divertissante. A l'entendre, ce Christ en jaquette blanche qui se trouve au-dessus de l'autel, est une œuvre accomplie et miraculeuse. L'artiste, Nicomède, serait le même que celui qui a descendu Jésus de la croix, et, par conséquent, il aurait travaillé d'après nature ; si bien qu'à Burgos, on verrait le plus authentique portrait du Christ, — appelé par ce motif le *Saint-Christ de Burgos*. Le lecteur sait ma méfiance : or, Nicomède n'a pas signé, et je n'ai rien lu sur cet ouvrage dans aucun livre d'art.

Le transept de la cathédrale est beau; mais la voûte est soutenue par quatre colonnes trop massives, sur la base desquelles sont assis de distance en distance de jolis petits anges en prières. Cela est d'un style tout à fait composite, assez disgracieux à l'œil, et qui frise parfois le mauvais goût. L'église n'a plus ses richesses, et cependant il est encore possible de se les figurer par le nombre des grilles en fer relevé de cuivre, qui ferment le chœur et les chapelles, par la multiplicité des ornements de l'autel. Le buffet d'orgue est un morceau curieux : il date de 1706. Ses tuyaux représentent en partie des têtes d'anges qui embouchent la trompette. Le derrière du maître-autel est orné de magnifiques bas-reliefs en marbre blanc, fort anciens et d'une simplicité de composition toute naïve, toute chrétienne. C'est un chemin de la croix aussi remarquable au point de vue artistique, que l'est, s'il vous en souvient, celui de Vitoria au point de vue original. Deux bas-reliefs pourtant font disparate. Ils sont plus modernes que les autres, et d'une composition plus prétentieuse, mais moins *réussie*. Le chœur contient une quarantaine de stalles environ, en deux étages, stalles de boiserie avec incrustations de sujets étranges. Enfin, si l'on ajoute aux ornements de la cathédrale de Burgos, ses dépendances, sacristie et cloître, on comprendra pourquoi sa réputation est si grande.

Règle générale : ne visitez jamais une cathédrale d'Espagne sans demander à voir la sacristie ou le cloître y attenant. Les églises sont de vastes musées, les sacristies des collections d'accessoires, les cloîtres, des promenades dont les murs sont, en général, tapissés de fresques. Les sacristies renferment les richesses du culte extérieur; les cloîtres révèlent le culte intérieur, la méditation, la vie solitaire. La religion de l'Espagne était là : les moines s'étaient construit des prisons avec des murs de marbre et des grilles d'or. Ainsi, ne manquez pas d'entrer dans la sacristie de Burgos, pour y voir de superbes bas-reliefs en bois; l'appartement des *arzobispos*, pavé en marbre, orné de cent vingt-et-un portraits d'archevêques, et meublé d'une rangée d'armoires sur lesquelles se trouvent douze belles glaces de Venise[1] avec deux rameaux en corail du plus grand prix; la

[1] Une de ces glaces est cassée. Il paraît que le malheur arriva pendant le séjour de Bonaparte en Espagne : il avait fait transporter ces douze glaces dans son palais. (Renseignement de sacristain.)

sala capitularia au plafond mauresque, aux murs recouverts de cuir de Hongrie, et couverts de tableaux, dont un Murillo fort important; une modeste salle, enfin, qui renferme un souvenir du fameux Cid, une vieille malle à moitié cassée, entièrement vermoulue, dont il se servait, dit-on, dans ses voyages ou ses expéditions guerrières. On lit dessus cette simple inscription : *El cofre del Cid* (le coffre du Cid). Je demandai à voir le tombeau du héros que je savais avoir été depuis peu transporté à Burgos. Il fallut aller à la *casa de ayuntamiento* (maison de ville) où ses restes étaient provisoirement déposés; là, devant ces reliques du plus héroïque capitaine de l'Espagne, je ne trouvai rien de mieux à dire que de répéter cette strophe du *Romance*, quand le roi de Léon dit à Chimène :

Al Cid no lo he de ofender,
Que es hombre que mucho vale;
Y me defiende mis reynos,
Y quiero que me los guarde.

Je n'ai lieu d'offenser le Cid,
Car c'est un homme de grand prix;
Il me défend mes royaumes,
Et je veux qu'il me les garde.

Il y a deux ombres qui apparaissent toujours au voyageur en Espagne, celle du Cid, l'amant de Chimène, et celle de Cervantes, l'auteur de *Don Quichotte*. Grâce à eux, les choses en apparence insignifiantes prennent tout à coup la proportion de souvenirs historiques. En eux se résume l'Espagne chevaleresque et littéraire. De l'Espagne religieuse, monacale, ascétique, il reste encore quelques cloîtres, la plupart dévastés! Devant les austères ruines, la poésie s'éveille dans l'âme, et c'est sous une de ces austères impressions que j'ai composé ces vers :

Ici fut un couvent.
Sur cette froide pierre
Exposée à tout vent,
Un moine, bien souvent,
A fermé sa paupière!

En ce lieu délaissé,
Le temps, qui tout efface,
Hélas! n'a rien laissé,
Qu'un désert hérissé
De murs à sa surface!

Les hommes ont ôté
Les chapes et les vases;
L'herbe pousse à côté
De l'autel qu'a voté
Un pécheur en extases!

Plus de chants! plus de bruits!
Sur un fût de colonne
Le *ladron* s'asseoit, puis,
Guette toutes les nuits
Le passant qu'il bâillonne.

Cette ruine, au loin
A plus d'une compagne!
Une vierge en un coin
Sert encor de témoin
A la pieuse Espagne;

Mais les niches des saints
Sont pleines d'asphodèles,

Lieux froids, obscurs, malsains,
Que peuplent des essaims
De geais et d'hirondelles!

En voyant tout cela,
Le rêveur se demande:
De l'homme ou de Dieu, là,
Lequel des deux parla,
Lequel des deux commande?

Le cloître attenant à la cathédrale de Burgos n'en est point encore arrivé à l'état de dévastation dans lequel se trouvent aujourd'hui la plupart des couvents espagnols. Il compte, d'un côté, neuf arcades, et six de l'autre. J'y suis entré par une admirable porte, parfaitement conservée, et qui date des premières années du quatorzième siècle. Elle est percée dans un mur fort épais, et ornée de chambranles sculptés. Au-dessus est un grand bas-relief, et l'on remarque de chaque côté deux statues en pied, une sainte et un saint qui ne sont pas sans mérite. Les deux battants de la porte sont en bois sculpté. L'artiste y a représenté l'entrée de Jésus-Christ à Jérusalem, et Jonas dans la baleine; les bas-reliefs de bois sont encadrés d'ornements d'une finesse exquise. L'un des petits battants contient le portrait en pied d'un roi de Castille, œuvre d'art et d'inspiration véritable. Vu de cette porte, le cloître offre un aspect admirable. Il est d'architecture gothique, avec une infinité de sculptures, de colonnettes, de fenêtres à ornements à jour, de vieux tombeaux écornés et couverts de poussière. Il ne manquait à ce cloître qu'un moine qui le

nil pmx[t] Imp. Grégoire & Deneux. Challamel del

PAROISSE DE St ETIENNE.
à Burgos.

traversât. Mais, en 1842, les couvents ont perdu leur âme, sinon leur corps. Figurez-vous des promenades sans promeneurs : l'effet est nul. Bien heureux ceux qui ont pu visiter l'Espagne il y a vingt ans! Quelque effort que fasse l'imagination pour repeupler ces solitudes absolues, elle n'y arrive qu'imparfaitement; et aucun souvenir ne reste de ce que les yeux n'ont pas vu véritablement, de ces émotions obtenues elles-mêmes à l'aide de souvenirs évoqués.

Un coupd'œil encore sur l'extérieur de la cathédrale de Burgos, et vous l'aurez vue en détail. Faites-en le tour en dehors. Examinez chaque porte en particulier, et remarquez surtout, parmi les ornements sculptés, — des lions à gueule ouverte, des feuilles d'acanthe et des fruits. A l'abside, des armoiries et des écussons; aux coins de quelques fenêtres, mêmes ornements; et à la culée de quelques arceaux, encore des armoiries et des écussons. Oh! il n'y a pas moyen d'oublier que Burgos était la capitale des Castilles! La douce influence du ciel bleu s'est fait sentir. Les murs de cette cathédrale ne sont pas noirs ni moussus comme ceux de nos églises. Les pluies n'ont pas tout dévasté, et la statue, en ronde-bosse, de *Santiago* qui domine cette tour principale où vous devez monter, est encore aussi blanche que les blanches statuettes placées dernièrement, par exemple, à Saint-Germain-l'Auxerrois, de Paris.

Outre la cathédrale, Burgos a sa paroisse San-Esteban que je m'abstiendrai de décrire en entier. Elle mérite d'être vue, à cause de son portail, de son auteltombeau, de son bas-relief représentant la Cène du Sauveur, et de sa chaire. A l'entrée de cette église, j'ai aperçu, pour la première fois, des corbillards espagnols, à bras, de toutes longueurs et largeurs, avec une foule d'inscriptions lamentables, avec des têtes et des ossements de mort peints en grisailles. J'ai cru d'abord que tels ils étaient tous; mais mon séjour à Madrid m'a détrompé. J'y ai suivi un magnifique corbillard, avec les statues en bois argenté, de la Foi, de l'Espérance, de la Charité, et du Temps armé de sa faux. Je pense tout simplement que les riches sont portés au cimetière dans des chars funèbres, tandis que les pauvres ou les gens de médiocre fortune sont conduits à bras. Comme j'ai attaqué ce sujet, je ne manquerai pas de vous dire que l'on voit à la porte des *carpinteros de taller* (menuisiers) des bières-enseignes, pour la commodité des consommateurs. Elles sont couvertes de velours noir, et garnies de ruban blanc *sur toutes les coutures*. On dirait d'un jouet d'enfant, et les Espagnols vous paraissent en ce moment avoir les idées les plus philosophiques du monde sur la mort.

Burgos possède une place de la Constitution, dont les bâtiments datent de 1788, et au milieu de laquelle s'élève une statue de bronze, coulée en mémoire de Charles III, *père de la patrie*. Sur la promenade se trouvent celles du Cid, de Ferdinand I, de Henri III, de Charles III encore, je crois, les plus fameux héros dont s'honore la Castille. Non loin de la cathédrale est l'Arc de Triomphe de *Fernan Gonzalez*, monument peu digne, tombant en ruines, et qui aurait déjà croulé sans un mur de moellon élevé de chaque côté par un bien-intentionné maçon. Cet arc de triomphe est voisin d'une hauteur dominant la ville, lieu célèbre où les Français tuèrent 12,000 Anglais à Wellington. Enfin, il existe à Burgos un ancien palais du sénat, inachevé, couronné de créneaux très-forts, et un peu dans le goût mauresque. Sur la façade, garnie de niches, on remarque la statue de Charles-Quint, le grand petit empereur; puis des blasons de toutes sortes; puis des inscriptions en l'honneur de Burgos, parmi lesquelles je citerai celle ci :

SENATUS POPULUSQUE... DE BURGOS.

La phrase n'est pas écrite en toutes lettres, mais les initiales s'y trouvent.

Qu'était donc autrefois cette ville de Burgos, dont le peuple s'estimait à si haut prix? Cette question ici est un piége, — et je la pose afin de pouvoir dire quelques mots sur l'histoire de la vieille capitale des Castilles. Je n'en ai rien dit d'abord; j'ai pris le lecteur en traître; je n'ai point voulu l'effrayer par les étymologies; mais à présent que nous allons quitter Burgos, n'est-il pas utile de faire connaître son origine? Nuno Belchides, ou Bellidez fonda Burgos. C'était un chevalier allemand, ou castillan, on ne sait dire. *Burgos* est le nom d'un bourg allemand : forte présomption pour que le susdit Belchides soit venu en droite ligne d'Allemagne. *Burgus*, en latin du Bas-Empire, signifie forteresse : forte présomption, par contre, pour que la fondation de Burgos remonte à une époque antérieure à l'existence de ce chevalier. Cherchez donc les étymologies, étranger que vous êtes, lorsque les Espagnols eux-mêmes, possédant toutes les notions nécessaires, ne savent à quoi se résoudre! L'importance de Burgos a commencé dès le dixième siècle, et s'est accrue surtout pendant la vie de Fernan Gonzalez, ce comte en l'honneur duquel fut élevé cet arc de triomphe si peu héroïque, et qui n'a pu triompher du temps. A Burgos est né don Pèdre le cruel, amant de Maria Padilla, qui fit mourir son frère Frédéric, et la reine Blanche, son épouse. Plusieurs conciles et *cortès* s'y sont assemblés. Enfin, c'est à Burgos que les troupes espagnoles, sous les ordres du comte de Belvedel, aujourd'hui marquis de Castelar, se présentèrent le 10 novembre, 1808, pour s'opposer au passage de l'armée française, commandée par le maréchal Soult.

Tout est vu, ou à peu près, dans cette ville des souvenirs. Continuons notre voyage de grande route.

Parmi les lieux qu'il faut traverser, avant d'arriver à *Somosierra*, quelques-uns à peine méritent d'être nommés. *Lerma* est située sur une chaîne de montagnes, baignée par l'*Arlanzon*, sur laquelle elle a un beau pont. *Aranda de Duero*, qui a aussi son pont sur la rivière, fut, dit-on, autrefois une ville remarquable. Elle est *effondrée* aujourd'hui; on se demande où logent ses cinq mille habitants, et s'il est vrai qu'elle a été souvent une *morada*, un séjour des rois. Son plus beau titre est d'avoir vu naître *Bernard de Sandoval Rojas*, protecteur de Cervantes, et le ameux évêque d'Astorga qui fut emprisonné par François I, pendant qu'il se rendait au concile de Trente.

Aranda est une des villes où l'on rencontre le plus de mendiants. Singulière célébrité! mais, après tout, il est bon, indispensable même, de se familiariser un peu avec le mendiant espagnol. — *Por Dios, señorito!* un *cuarto!* etc., etc. Ces deux rimes vous poursuivent un quart de lieue durant. La gent mendiante fait la boule de neige. Elle se composait de deux enfants et d'un ou deux vieillards à votre entrée dans la ville. Quand la diligence s'arrête, c'est une armée croassante qui vous entoure, et si vous avez assez de charité pour lui jeter en pâture le moindre *cuarto*, malheur à vous, car les deux rimes en question recommenceront à vous assourdir. Je vous souhaite encore d'avoir affaire à des mendiants à figure d'hommes. Je me rappelle que dans un certain village de la *Mancha*, nous avons été tenus en respect par cinq ou six monstres, sans nez, ou sans oreilles, ou qui pis est, horriblement couturés : ils nous faisaient peur. Et la señora qui se trouvait avec nous dans *la berlina* (le coupé) ne trouva moyen d'échapper à ce tableau hideux qu'en fermant les cinq persiennes vertes, jusqu'à ce que la diligence eût repris sa route. Passe pour le mendiant qui a plus de la soixantaine : la mendicité est le dernier refuge des vieillards. Chez eux, elle est quelquefois le châtiment d'un passé infâme, ou le dernier anneau d'une chaîne de malheurs continuels. Mais les enfants qui tendent la main, quel sera leur avenir? Apprentis-mendiants, exerceront-ils toujours leur étrange profession, et, avec l'âge, l'idée ne leur viendra-t-elle pas qu'on gagne beaucoup plus à menacer qu'à implorer? De la mendicité au vol il n'y a pour eux souvent qu'une question de temps ou de nécessité. Physiquement, le mendiant espagnol l'emporte sur les nôtres, par l'aspect hâve et flétri de ses joues, par la puissance de ses regards fauves, par cette demi-fierté qu'on remarque dans sa façon de demander l'aumône : peut-être se croit-il descendant en droite ligne du pauvre roi Henri III, *le Valétudinaire*, qui, un jour, après une longue chasse, ne trouvant point de quoi dîner, fit vendre son manteau pour acheter un morceau de bélier. Le mendiant espagnol a, en général, de la barbe, comme ses confrères de toutes les nations. Une chose nuit pourtant à la noblesse de sa tête, c'est son habitude de se raser les cheveux à moitié. Vieux ou jeunes sont fort laids, ainsi tondus. Et les mules qu'on a coutume de tondre aussi sur le dos, jusqu'à la ligne du ventre, n'en sont pas non plus mieux tournées. Le mendiant parfois porte le manteau, vrai filet à grosses mailles au travers desquelles on aperçoit les rapiécetages de ses *calzones* (sa culotte). Ses sandales vont rendre l'âme, et son reste de *sombrero* (chapeau) ne pourrait supporter le poids d'une aumône trop forte : il y succomberait. Un bâton, une *pellijito* (petite outre) pleine de vin, quelquefois une guitare en ruines, composent son bagage. Le mendiant espagnol n'est plus ce qu'il était; ses *beaux jours sont passés*. L'abolition des couvents l'a rendu prosaïque et par trop nécessiteux.

Pour rien au monde je ne voudrais être condamné à vivre dans Aranda. Les eaux du *Duero*, qui coule devant la ville, forment à l'endroit du pont une belle cascade. Mais le véritable pittoresque fait défaut, ou n'est que désolant à cause des ruines. Les campagnes sont encore moins variées d'aspect que de Vitoria à Burgos. Pendant dix lieues, la vue ne s'arrête que sur des troupeaux, ou sur des haltes d'*arrieros* (voituriers) en plein champ. Des moutons noirs ou blancs paissent je ne sais quoi, sur des terrains incultes, je ne dis pas infertiles : on croit voir un immense damier sur lequel les pions blancs ou noirs s'entremêlent. Ces moutons sont maigres : leur laine est magnifique. Quant aux haltes d'*arrieros*, il est impossible de passer outre sans les décrire. Une cinquantaine de chariots à roues plates sont rangés presque symétriquement et en rond. Les bœufs, qui font ici l'office de chevaux, errent en liberté. Au milieu du cercle de chariots, des feux sont allumés, et les *arrieros* font leur cuisine ou restent étendus à terre. La halte finie, en un clin-d'œil les bœufs sont attelés, la batterie de cuisine serrée, les voituriers à leur poste, et le convoi se met en route. J'ai compté jusqu'à trente-neuf chariots d'une seule file.

Les plaines m'ennuyaient, je désirais revoir des montagnes, et je ne tardai pas à en découvrir à l'horizon. C'était la chaîne de *Guadarrama*. Ici, les voyageurs « montèrent la côte à pied, » et prirent le temps d'aller faire de petites excursions, d'aller voir entre autres choses un ruisseau abondant, prenant sa source dans le creux d'une montagne, d'où il se précipitait par forme de cascade assez haute, dont les nappes étaient argentées par les rayons du soleil. La route, large, est taillée au milieu de deux montagnes fort élevées, dont les versants ont une douce inclinaison. Napoléon a passé là avec son armée, malgré les batteries espagnoles établies de chaque côté du chemin, malgré le feu meurtrier d'une infanterie nombreuse, échelonnée de chaque côté. En me donnant ce renseignement historique, notre mayoral ajouta ces mots : Napoléon *gran hombre!* (grand homme!) Et il me faisait entendre qu'un héros comme celui-là serait en ce moment, la Providence de l'Espagne. Seulement, il avait bien soin de dire qu'il faudrait un Napoléon *espagnol*, et non un second fauteur de guerre de l'Indépendance. Le patriotisme ne perdait point ses droits.

Arrivés au sommet du Guadarrama, nous vîmes un poste de cavaliers et fantassins, isolé, misérable, qui a pour mission de surveiller ce passage fréquenté par les *ladrones*, et aussi sans doute de tenir cette position avantageuse contre les entreprises des factieux. A peu de distance se trouve le *pueblo* de *Somo-sierra* (sommet de la chaîne de montagnes), tout près de la gorge qui porte ce même nom. Il y a dans ce village une *malisima posada*, un très-mauvais hôtel, disent les Espagnols eux-mêmes. Trois cent cinquante habitants vivent dans cet amas informe de cabanes. Une garnison s'y ennuie à cœur-joie, et les militaires regardent le passage de la diligence comme une distraction sans égale. A notre passage, un officier d'infanterie fumait à la porte de l'écurie de la maison de postes, *casa de postas*, un soldat jouait avec un enfant, et un tambour pinçait de la guitare, assis au milieu d'un cercle de *muchachas* (petites filles), dont la laideur *s'harmoniait* délicieusement avec le costume. On m'a assuré que la population de Somosierra était pour ainsi dire riche, mais il est impossible de le croire. La place de la Constitution y est grande comme une cour de la Cité. Je dois dire que j'ai rencontré par là plusieurs chiens d'une espèce magnifique, blancs, gros, grands et forts, des chiens qui ont l'air de se moquer du monde, auxquels on cède le pas, et qui se promènent philosophiquement dans les montagnes environnantes. A Somosierra, un postillon très-fort en politique monta sur le siége, et la conversation tourna nécessairement de ce côté.

« Señor Caballero, me dit-il, vous êtes Français, connaissez-vous la reine Christine?

— Oui, postillon, répondis-je en espagnol composé de mots et de gestes, je me suis trouvé presque à côté d'elle, pendant plus de deux heures, dans un théâtre de Paris.

— Vous êtes bien heureux...

— Il n'y a pas de quoi...

— Ah! c'est que j'ai conduit autrefois les mules de la Reine... Est-il vrai qu'elle est mariée?...

— Je ne sais.

— *Demonio!* Quand elle reviendra!... n'importe... Dites-moi, avez-vous vu revenir les cendres de Napoléon?...

— Oui, postillon.

— *Gran hombre!* Il nous en faudrait un comme lui. »

C'était la deuxième fois, à Somo-sierra, que j'entendais parler de l'Empereur avec admiration. Les habitants de ce village n'ont point oublié son passage entre les deux montagnes. Le postillon, poursuivant le cours de ses interrogations, ajouta en souriant :

« Connaissez-vous le *mariscal Soult?*

— Je l'ai vu quelquefois.

— Ah! il aime bien les tableaux, celui-là! C'est un brave. Connaissez-vous le général Moncey?

— Un peu. Il est mort, il y a deux mois.

— Mort! — Le postillon ôta son chapeau. Il continua, une minute après: — C'était un héros. Un jour, des voleurs qui avaient dévalisé un de ses aides-de-camp, rendirent bien vite à ce dernier tous ses vêtements et tous ses bagages, quand ils connurent sa qualité.

Cet hommage rendu à un des hommes les plus honorables de l'Empire flatta mon amour-propre national. Au même moment, mon compagnon de voyage, aussi adroit qu'enragé chasseur, me demanda comment se disait le mot *chasse; caza*, lui répondis-je. Alors il adressa la parole au postillon en ces termes d'assez mauvais espagnol, en y joignant la prononciation la plus défectueuse :

— *Es aqui mucha caza?* — Il voulait savoir s'il y avait beaucoup de gibier dans ces parages. Par malheur, il prononça le *z* comme l'*s*, et le postillon, lui montrant du doigt les maisons de Buitrago qu'on apercevait de loin, lui répondit que oui. Alors, mon compagnon fit le geste d'un homme qui tire un coup de fusil. Et la scène la plus comique s'ensuivit.

« Comment! dit le postillon, transporté de colère! Tuer les Espagnols! fusiller la population! *señor caballero*, je suis là pour vous répondre. Les Français ne sont pas plus braves que nous. Comment! vous êtes donc un absolutiste! un ami des *curas* (curés)! c'est trop fort! — Et il tourna vivement la tête, en jetant sur son interlocuteur un de ces regards hautains, si familiers à l'homme du peuple en Espagne.

Je crus comprendre la méprise. Elle tenait à la manière dont mon compagnon avait prononcé le mot *caza* (chasse), qu'il avait confondu avec le mot *casa* (maison). J'essayai d'expliquer la chose au postillon irrité; mais, soit vicieuse élocution de ma part, soit mauvaise volonté de la sienne, il n'admit pas l'excuse, et n'ajouta plus un mot jusqu'au relais de Buitrago. Là, il nous lança encore un regard tout particulier, et s'éloigna avec ses mules dételées, en marmotant cette phrase : *Matar la poblacion!* (tuer la population!) Nous prîmes le parti d'en rire, et de nous promener sur la place du marché à Buitrago. C'était chose désespérante que de ne pas pouvoir s'expliquer clairement. J'entendais bien ce qu'on disait, à l'aide de la recommandation : *Habla usted menos pronto* (parlez moins vite), faite par moi à ceux qui voulaient entamer la conversation; mais lorsqu'il s'agissait de s'exprimer, les difficultés étaient plus grandes. Je ris encore maintenant des affreux barbarismes que j'ai commis pendant les premiers jours que j'ai passés en Espagne. Traduire une langue, ou la parler, sont deux; et il y a telle circonstance, en pays étranger, où l'on préférerait savoir tenir la conversation avec un postillon plutôt que de lire à première vue dans les œuvres de Cervantes, Milton, l'Arioste ou Shakspeare. Mon peu de science en langue espagnole explique pourquoi presque toutes mes réponses étaient si laconiques.

Aucun voyageur, ou faiseur de guides, ni M. Richard l'universel, ni M. Quétin, à l'ouvrage duquel le *señor Mellado* a riposté dernièrement, personne n'a prétendu que le marché de Buitrago fût plus remarquable qu'un autre. C'est pour cela que j'éprouve un énorme besoin de le décrire, afin de donner quelque idée de l'aspect d'un marché espagnol, en général. Buitrago possède deux places, dont l'une, spécialement affectée au marché, est assez vaste et commode. Des espèces de tentes (*toldos*), en toile écrue ou cirée, une simple couverture de laine avec une grande perche qui la métamorphose en parasol, s'élèvent au milieu de la place. Les marchandises sont exposées dans des paniers. Les piments et les tomates pullulent, et donnent déjà à tout le marché une teinte de vert et rouge, avec laquelle s'harmonient des monceaux de melons à écorce verte rangés en toises sur le pavé, comme des boulets de canon dans un arsenal. Des oranges, des citrons, des grenades remplacent ici nos pommes et nos poires. Des pots de terre blanche et poreuse, à bon droit si renommés pour conserver l'eau fraîche; de la faïence cuite et fabriquée d'une façon toute primitive; des poulets excessivement petits et maigres; de la viande de boucherie; du pain de Séville, regardé comme le plus blanc et le plus savoureux qui soit en Espagne; du poisson d'eau douce étendu à terre, pour *qu'il se conserve bien;* des fichus de soie de Valence, des lainages de Ségovie, — tels sont les objets qu'on trouve dans le marché. Mais jusque-là il n'y a rien de particulier à l'Espagne. Voyez, pour compléter le tableau, ces hommes en manteau, dont le *sombrero* (chapeau) castillan est posé par-dessus un foulard, et qui, bien enveloppés dans ce cache-misère, achètent des piments pour les manger avec du pain tout sec: nourriture frugale, s'il en fut jamais. Une jeune fille, la main sur la hanche, marchande des citrons. Paysans et paysannes sont assis sur le parapet d'une fontaine, ou sur les ruines d'un vieux mur. Trois cultivateurs, mécontents du commerce, se sont couchés sur un tapis de paille, et dorment à côté de leurs légumes qui sèchent au soleil. Portant son petit tonneau sur le dos, le vendeur de *limon* (espèce de limonade à la glace) fait ses offres de service à tout le monde, et le *caballero* boit à côté du mendiant le plus déguenillé. Combien de César de Bazan on rencontre là! Trois hommes revêtus du costume national causent ensemble :

on m'assure que ce sont trois *ladrones*. Ce prêtre qui, lui aussi, va en personne faire le marché, est, ajoute-t-on, un ancien chef de *guerillas* qui a longtemps harcelé les Français, lors de leur passage à Burgos. Un muletier corrige sa mule; une femme se peigne en plein vent, et se sert de son genou en guise de table, pour plus de commodité; un *niño* (petit enfant), nu comme ver, se met continuellement sous les pieds des passants. Enfin, un cercle s'est formé, et des chanteurs entonnent un refrain patriotique ou une longue *cancion*.

J'ai été fort étonné d'entendre chanter encore, à quelques lieues de Madrid, après l'affaire de Diego Léon, une hymne patriotique commençant par ce chœur :

Vivan, vivan las Córtes,
Isabel y Christina,
Y viva Espoz y Mina,
Viva la libertad.

Une traduction est ici inutile. Il y a une quatrième et dernière strophe, où il est parlé de Bonaparte :

Ha empuñado la espada
Il guerrero valiente,
El que sabe hacer frente
Con toda propiedad :
Diganlo los guerreros
Que envió Bonaparte
Por ser hijos de Marte,
Publiquen la verdad.

Le guerrier valeureux
A saisi son épée,

Lui qui sait faire face aux dangers,
Avec toute *convenance :*
Qu'ils le disent, les guerriers
Qu'envoya Bonaparte
Pour être fils de Mars,
Qu'ils publient la vérité.

Le refrain d'un *trobo* [1] était ;

Pronto sera nuestra España
Abundante y florecida,
Llena de honor y de ciencia
Que la gobierne Christina.

Notre Espagne sera bientôt
Abondante et florissante,
Pleine d'honneur et de science,
Si Christine la gouverne.

En Espagne comme en France, les chansons d'amour font plus fortune encore que les chansons politiques. Le cercle était assez nombreux pour entendre les hymnes patriotiques ci-dessus; mais quand l'aveugle-chanteur annonça la *cancion nueva de la Valenciana*, le cercle s'agrandit encore. Il y eut foule. La chanson nouvelle de la Valencienne a pour sous-titre : Farce jouée par une Manola à sept galants. C'est un conte en vers, une aventure amoureuse qui

[1] Ce *trobo* a beaucoup de rapport avec notre Chant royal. Il y a, en tête, un refrain de quatre vers. Ensuite, on chante quatre strophes de quatre vers, plus une cinquième qui est la répétition d'un de ceux qui forment le refrain, en suivant l'ordre prosodique.

faisait rire aux éclats tous ceux qui l'entendaient chanter. En voici la traduction :

CANCION NOUVELLE DE LA VALENCIENNE.

« Aujourd'hui, auditeurs aimés, je vais vous chanter une farce très-drôle, et qui vous plaira, farce jouée par une Valencienne à sept galants qui voulaient faire sa conquête. Elle, avec esprit, leur a porté à tous une botte excellente.

« Son mari était un journalier, oisif pendant l'année entière. Un jour, celui-ci, désespéré de ne pas trouver à travailler, voulait se pendre, le malheureux! Mais la Valencienne, bien tranquille, dit à son mari, à son Antonio : Ne te fais pas de peine ;

« Donne-moi la permission de faire une chose dont tout Valence aura lieu de s'étonner. Je veux que tu aies assez d'argent pour manger et boire, pour te promener et te divertir, sans que rien te manque. Ta Teresa restera toujours honorée.

« Antonio lui répondit : Je ne perdrai rien à te voir batailler *avec l'enfer tout entier*. Je désire ne pas sortir chargé de cornes, et pouvoir mettre sur ma tête mon bonnet et mon chapeau sans qu'on dise : Il faut se garer de ce taureau, de crainte qu'il ne nous attaque.

« Sept galants en voulaient à Teresa, — un Gentilhomme portugais et un riche Tailleur, un Orfévre aussi, un brave et généreux Lancier, un Étudiant, un Barbier et un Commerçant. Tous marchaient derrière Teresa, et se combattaient pour l'amour d'elle.

« La Teresa, — qui a grâce et gentillesse, — se plaça vite, bien attifée, au milieu de la rue. Le premier galant qu'elle trouva fut son aveugle amant le Barbier. Toute gaie, elle lui fit signe de la suivre; et le garçon, amadoué ainsi, se mit aussitôt à côté de Teresa.

« Ils se placent dans un vestibule pour parler seuls, et la Teresa commence de cette façon : Ah! barbier mon ami! c'est le moment de faire pour moi une action obligeante. Viens à mon aide; pour te payer je serai reconnaissante, je t'accorderai mon amour, mon âme et ma vie.

« Le Barbier dit : Belle, je suis mécontent, en te voyant user d'aussi peu de franchise avec moi. *Que ta bouche demande*, et il m'appartient seulement, à moi, d'obéir; demandez sans honte, si je puis obtenir votre amour, tout mon désir est de vous servir selon mon pouvoir.

« Donc, barbier cher à mon cœur, sachez qu'on veut emprisonner mon mari cette nuit, parce qu'il s'est endetté de deux cent cinquante ducats, pour une affaire que le malheureux croyait devoir lui rapporter beaucoup et qui au contraire l'a ruiné.

« Prenez, objet adoré, cette lettre de change qui couvrira la dette et au-delà. Vous irez en toucher le montant chez don Juan de Parla. Si cela ne suffit pas, faites-le-moi savoir : à l'instant, sans retardements, vous avez de moi six mille autres réaux.

« Teresa se retira en lui rendant grâces, et en lui

disant de venir la nuit même, sans faute, à sept heures précises, parce que son époux serait occupé à effectuer son paiement, et qu'alors, elle, sans souci et avec bonheur, ferait prendre possession d'amour à son Barbier.

« Ensuite Teresa s'en alla au marché, et rencontra le Commerçant en grande toilette. Elle dit à ce sot fieffé de le suivre, qu'elle avait quelque chose de pressé à lui dire, et qu'elle ne pouvait parler au milieu de la rue. Tous deux seuls entrèrent dans le café de San-Francisco.

« Don Lorenzo lui dit : Ma chérie, combien j'ai de plaisir aujourd'hui! Je ne croyais pas qu'une bonne fortune comme celle-là se préparait pour moi. Que puis-je t'offrir? Je mets toute ma gloire à te complaire, et pour te servir c'est peu que d'un sacrifice.

« — Je viens seulement vous demander une marque d'amitié, et, en récompense, je serai toute à vous. Donnez-moi une robe de satin bleu, pour aller demain aux noces de dona Mariana. A sept heures et demie, je vous attends chez moi à portes ouvertes.

« — Tu ne veux qu'une robe seulement? Il te faut une robe et une mantille. — Et mon bon Commerçant entre à l'instant dans sa maison, y prend vite une mantille et une robe, et, sans y regarder, des bas, des jarretières, des mouchoirs de poche, même des souliers.

« Teresa se retire avec grâce et aisance, et s'en va bientôt chercher un autre galant. Au même instant, elle rencontre le Gentilhomme portugais. Celui-ci, plein de joie, lui dit avec mille déclarations d'amour, mille politesses, mille tendres soupirs, de demander, et qu'elle aura tout selon ses désirs.

« — Je ne veux que vous prier, pour un besoin pressant, de me prêter à l'instant cinquante *pesos* (onces d'argent). A la tombée de la nuit, à huit heures, vous viendrez seul dans ma maison; mon cœur est tout de flamme, et je saurai vous payer vos *pesos* par de délicieux embrassements.

« La Teresa reçoit l'argent, va à une autre dupe, et trouve l'Orfévre. Avec deux mille minauderies, elle tire des mains du pauvre Peralta une chaîne et des pendants d'oreilles, et doit, soi-disant, l'attendre chez elle à huit heures et demie, pour lui manifester sa foi sincère.

« De là, Teresa cherche le Tailleur, Périco le Lancier et l'Étudiant. Tous trois, elle les trompe avec art et malice, leur arrache à chacun cinquante ducats, et donne à chacun rendez-vous chez elle, à heures différentes.

« Déjà la Teresa avait atteint le but proposé, et elle revint à sa maison, fort contente d'elle-même. — Prends, mon homme, dit-elle à son mari, ne sois pas inquiet et dépense cet argent sans aucun souci, ne crains pas de faire le paresseux pendant que, cette nuit, tu verras les taureaux chez toi[1];

« J'ai donné rendez-vous pour ce soir à sept imbécilles qui me font la cour, et ce sont eux qui m'ont

[1] Expression consacrée, qui signifie : Il y aura grand bruit chez toi.

fait présent de tout ce que je viens de te remettre. Quand ils seront tous les sept ici, frappe à la porte d'étrange façon, demande un bâton, et crie qu'il y a des voleurs dans la maison.

« Donc, son mari se cache; elle, reste pour recevoir les visites dont l'heure arrive. Le Barbier commence, entre en prenant une position de bolero, et s'assied aux côtés de la belle. Sur-le-champ, Lorenzo frappe. — Ah ! serait-ce mon mari ! mettez-vous dans ce coffre en vous serrant bien.

« Entre le très-sot Commerçant : il fait les démonstrations d'un tendre amant, il est plein de grâce et de gentillesse; mais bientôt frappe le Portugais : Don Lorenzo, dit Teresa, mettez-vous promptement dans cette natte de jonc, jusqu'à ce que mon mari se soit endormi.

« Le Commerçant se cache, le Portugais entre. Il salue Teresa d'un air coquet et galant. Il s'assied à côté d'elle. Mais, à l'instant où il est le plus amoureux, l'Orfévre frappe. La belle, vivement, fait cacher le gentilhomme dans la cheminée, pour que son mari entre sans le voir.

« Très-flatté, il monte dans la cheminée, quand l'Orfévre, mis comme un véritable Adonis, se présente et veut s'asseoir. Mais Teresa entend frapper le Tailleur. — Pour Dieu, serait-ce Antonio, lui qui a un génie infernal ! Elle fait entrer l'Orfévre dans une chambre où se trouve une chienne qui vient de mettre bas.

« Le Tailleur arrive : il danse joyeusement. Viens,

mon âme, dit-il à Teresa, embrasse-moi. — Alors, un vrai coup de massue se fait entendre à la porte. La belle demande qui est là. Mon mari ! s'écrie-t-elle; entrez sans crainte dans cette *tinaja* (grande jarre de terre), et vous en sortirez quand il sera couché.

« La *tinaja* avait été remplie de miel, et le pauvre tailleur y resta tout emmiellé. C'était l'Étudiant qui, avec arrogance dit : Viens ici, *salero* [1]. Mais voilà que frappe le Lancier, et, d'après le conseil de Teresa, le fin écolier se blottit dans un sac de laine.

« Le Lancier amoureux salue la belle, et ensuite le mari frappe à son tour, fort ennuyé de tout cela. Le Lancier inquiet supplie avec amour Teresa de le cacher avant d'ouvrir, et elle le met où se trouve déjà l'Orfévre, puis va promptement ouvrir à son mari qui entre en tombant.

« Le bon Antonio faisait l'homme ivre, et lançait l'écume à gros bouillons comme un beau diable. Avec fureur, il porta au foyer de la cheminée la natte de jonc qui prit feu, et d'où sortit le Commerçant, en disant : Pitié, messieurs, mon dos brûle, et mon dos encore c'est le moins.

« Le Commerçant s'en alla avec son habit en flammes, et de la cheminée sortit le Portugais, noir absolument comme un charbon : il paraissait être un démon en abrégé. Antonio, avec son bâton, le poussa dans la rue, et en le voyant ainsi fait tout le monde s'enfuit épouvanté.

[1] Mot-à-mot, salière. Expression qui n'a pas d'équivalent en français. Viens ici, ma choûte, par exemple.

« Le Lancier et l'Orféyre, tous deux se disputent, et vont remorqués l'un par l'autre, que c'en est une fête. La chienne s'ennuie et fait la guerre au frac de l'Orfévre. Les cris commencent, et la chienne aboie et mord. Il s'engage un combat tel qu'on eût payé pour le voir.

« Antonio va dans la chambre, toujours en compagnie de son bâton, et assomme de coups les deux galants qui sortent en courant et suivis de la chienne qui leur enlève des morceaux. Enfin, ils cherchent leur salut dans une taverne, d'où le maître les jette dehors à coups de manche à balai.

« Les deux époux font sortir le Tailleur de la *tinaja* de miel, et le couvrent de plumes comme un histrion ; ils font sortir le Barbier qui, le premier, s'était caché dans un coffre, font monter sur lui le Tailleur, et jettent hors de le pauvre emplumé.

« La foule accourt pour le voir. L'un lui jette une tomate, l'autre un piment ou des pierres, ou des *tronchazos* (tiges de plantes); mais les pauvres diables étaient liés, et le malheureux Tailleur ne pouvait se mettre à terre. Et tous se moquaient d'eux comme si l'on eût été dans la place des taureaux.

« L'Étudiant seul fut laissé dans son sac, d'où Antonio le fit déguerpir à coups de bâton. Il sortit sans chemise, et Antonio lui dit de mettre seulement bien vite sa *sotana* (espèce de soutane), avec un bonnet rond. De la sorte, le triste Étudiant fut la risée de tout le monde.

« La femme et le mari restent contents, et les galants s'en vont battus et sans argent. On doit connaître par cette farce, qu'il y est question de se moquer de ces niais qui s'imaginent que leurs demandes seront agréées par des femmes sages et honnêtes. »

La morale de ce conte fait oublier ce qu'il a parfois de mauvais goût et de gros sel. Il renferme trente-six couplets, qui motivèrent au moins trente-six éclats de rire prolongés. Je ne sais qui en est l'auteur, mais je l'ai cité comme un échantillon de la littérature populaire en Espagne. Étant chanté, avec une mélodie un peu traînante et par une voix nasillarde, ce conte a de l'originalité ; il a la naïveté et la grâce des nouvelles de Boccace. Les assistants l'ont écouté, jusques et y compris le trente-sixième couplet, et son débit en imprimés a été fort considérable. Je compte parmi les acheteurs pour la somme d'un *cuarto*. Les chants populaires forment tout un côté de la physionomie d'une nation. J'ai voulu, en traduisant celui-ci, donner au lecteur l'idée la plus complète d'un marché espagnol.

Visite à l'Escurial.—L'église, le couvent, le Panthéon, la Casa del Principe.

En août 1557, le jour de la Saint-Laurent, le duc de Savoie gagna contre la France la bataille de Saint-Quentin. Ce succès de Philippe II éclipsait presque la fameuse journée de Pavie. Le jeune prince avait fait vœu, avant la victoire, de bâtir une église et un monastère sous l'invocation de saint Laurent. De là l'Escurial. Le martyr, d'après les ordres de Cornelius Secularis, préfet de Rome, avait été déchiré à coups de fouet, puis étendu sur un gril ardent. De là la forme de gril donnée à l'Escurial. Ainsi, ce monument ne remonte pas plus haut que la moitié du seizième siècle. On y travailla, dit-on, vingt-deux ans; il coûta cent cinquante millions d'aujourd'hui, et on y a compté onze mille fenêtres, quatre mille portes et dix-sept cloîtres. Une phrase de Philippe II fait connaître sa position : « Du pied d'une montagne stérile, et avec quatre doigts de papier, je me fais obéir d'un bout du monde à l'autre. » En effet, de loin, ce monument ne paraît point avoir les proportions colossales qui sont réellement les siennes. Il semble que dans ses deux œuvres les plus aimées, l'Escurial et l'*Invincible Armada*, Philippe II ait voulu défier la nature. Le couvent lutte avec des montagnes; la flotte célèbre lutta avec la tempête. Mais, comme dit le proverbe espagnol, *los dichos en nos, los hechos en Dios,* les dits en nous, les faits en Dieu. La nature a triomphé : l'*Invincible Armada* a péri par la tempête, et la vue des montagnes écrase l'Escurial. Il faut arriver à ses pieds pour le trouver grand, regarder sa façade, en tournant le dos au Guadarrama, et là, en silence, évoquer les souvenirs historiques, voir par les yeux de la pensée le sombre monarque au fond de son palais sombre. Car jamais, peut-être, une chose et une personne ne se sont plus identifiées que Philippe II et l'Escurial. Ces murs de pierres de roche ou de granit retracent la roideur et l'opiniâtreté du monarque. Ces hautes voûtes sans ornements, ces galeries dallées de marbre, longues et froides, sont bien en rapport avec les idées de Philippe II, qui, retiré dans l'Escurial, s'en faisait un rempart contre le bruit et les agitations du monde. Mais, arrivons d'abord, nous visiterons le monument après.

Un village assez peu habité, avec des maisons monumentales non achevées; un village en amphithéâtre sur une première assise des montagnes, environne l'immense bloc de granit. Les *fondas* ne manquent pas : quel voyageur irait à Madrid sans faire sa promenade à l'Escurial? Une sorte d'*omnibus* y conduit. Je ne dirai rien de sa qualité. Autant le *coche* (la voiture), pour aller, était martyrisant, autant le *coche* pour revenir était doux et commode. La bonne voiture se trouve au café de la *plazuela* (petite place) *de la Constitucion*; Dieu vous garde de celle qui appartient au señor *Antonio Colmenar*, et qu'on prend dans la rue *del Espejo* (rue du Miroir)! Avis à celui qui lira et fera ce voyage.

Nous étions quatre Français, lorsque nous nous mîmes en route, — une dame et trois cavaliers. Partis de Madrid à minuit, nous arrivâmes à destination vers huit heures du matin. Pour moi, les conditions du voyage étaient excellentes, malgré les secousses dont chacun se plaignait. Nous étions dix dans une voiture fort petite. J'entendis à peine ouvrir la porte de Ségovie, par où nous passions. Je dormais lorsque nous passâmes devant la *Moncloa*[1]. Que faire la nuit en diligence, à moins que l'on n'y dorme? La fonda où nous sommes descendus, à l'Escurial, était pleine de voyageurs. Nous avions une chambre, et une alcôve fermée par un rideau, pour quatre personnes. Deux *miradores* (fenêtres à balcons) avaient vue sur la campagne et sur le monument; une autre simple fenêtre donnait sur la rue. Une table de bois noir placée au milieu de la chambre, quelques chaises, un vieux canapé rempaillé à neuf, deux lits dans l'alcôve, trois ou quatre images de saints et de vierges encadrées, venant de chez la veuve Turgis, rue Saint-Jacques à Paris, — formaient notre ameublement.

Pour déjeuner, continuation de notre régime des œufs et du chocolat; *huevos* et *chocolate;* continuation des grimaces à l'approche du vin odoriférant; continuation des plaintes touchant le linge de table qui n'était pas des plus blancs, au contraire. Mais, après tout, comme on n'est pas en voyage pour prendre ses aises, je me contentai du déjeuner frugal. J'avais demandé à l'hôtesse si l'on pouvait voir en ce moment même l'Escurial. Cinq minutes après ma demande, se présenta un guide, un vieillard aveugle, dont la figure était vénérable et souriante à la fois. — Ah! m'écriai-je; un aveugle pour nous servir de guide! c'est un peu étrange. — Non, *señor caballero,* répondit l'hôtesse. Cet *hombre* connaît le couvent mieux

[1] La *Moncloa* est une maison royale de plaisance, située à un quart de lieue de la capitale. J'en parlerai en traitant de Madrid et de ses *inmediaciones* (ses environs).

que personne. Il vous expliquera parfaitement bien toute chose. Vous en serez content. — Soit; nous allons le suivre. — Il y a ici, ajouta la bonne dame, un homme qui parle un peu français, et qui s'offre à vous guider aussi. — Soit encore.

Ce compagnon n'était pas de trop. De la sorte, aucune des explications de notre *Homère* au petit pied ne devait m'échapper. Je pouvais me faire traduire ses phrases le plus vivement prononcées ou les moins intelligibles. L'homme qui parlait français n'était pas fort habile; seulement il ressemblait, pour moi, à ces stores qui enlèvent aux rayons du soleil leur éblouissante vivacité : comparaison assez juste, car le langage de l'aveugle m'eût ébloui.

Il pleuvait. La campagne qui entoure l'Escurial est d'un aspect très-froid, et la tristesse du temps assombrissait encore plus le sombre édifice. L'architecture de l'entrée du monastère est simple; aucune sculpture à l'extérieur. Pourtant, la seconde façade possède ce qu'on appelle la *Porte des Rois*, surmontée de six statues colossales représentant Josaphat, Ézéchias, David, Salomon, Josias et Manassès. Chaque couronne qui ceint leur front pèse, assure-t-on, cent livres; chaque sceptre cinquante livres; la harpe de David pèse à elle seule sept cents livres. Je ne dirai pas que cette façade m'ait *impressionné*, mais certainement elle s'accorde fort bien avec tout l'édifice, et, d'un seul coup d'œil, il est possible de s'initier au genre de beautés froides qu'on va admirer. Je répète ici ce qu'a dit mon guide aveugle. Il marchait avec tant d'assurance, et nous indiquait si exactement du doigt les objets à voir, que j'eus confiance en lui. C'est donc lui qui parle maintenant :

« Regardez, *señores,* la voûte de cette espèce de vestibule. Elle est tout à fait... tout à fait plate; elle compte comme une merveille de hardiesse architectonique. Herrera, qui la construisit parut vouloir l'impossible. Mais il savait son métier. Il plaça au milieu du vestibule une colonne en carton ou en plâtre, et un jour, en présence de Philippe II et de toute la cour, il fit tomber la colonne qui ne soutenait rien. La voûte ne broncha pas. Car, *señores*, c'est sur les plans et sous la direction de *Juan Bautista de Toledo* et de *Juan de Herrera,* architectes espagnols, que le fils de Charles-Quint éleva le monastère de *San-Lorenzo*. La voûte, dont je vous ai raconté l'histoire, a vingt-deux pieds de circonférence.

« Voyez l'*altar mayor* (le maître-autel) : il est en marbre. Le rétable de la chapelle principale peut passer pour un beau, ou mieux, pour un riche travail, tout jaspe fin, métal, et bronze doré à chaud. Il contient les quatre ordres d'architecture ; son premier compartiment est dorique, le second ionique, le troisième corinthien, le quatrième enfin composite. Le tabernacle, de jaspe aussi, est corinthien et de forme circulaire. Des deux côtés du maître-autel sont les statues agenouillées de Charles-Quint et de Philippe II, dans l'obscurité, chacune entre deux colonnes, et décorées, la première des armes de l'empire d'Occident, la seconde des armes d'Espagne. » Le père et le fils sont en face, et, pour peu qu'on veuille méditer un moment, ai-je ajouté en moi-même, on ignore lequel est à présent le plus grand, du roi ou de l'empereur. Mais continuons de prêter l'oreille aux paroles de l'aveugle. « Entre ces deux statues est l'escalier de marbre que le prêtre monte pour arriver jusqu'à l'autel. Derrière ce rétable s'élèvent onze arcades, où sont les croix de la consécration, faites de jaspe *sanguin* sur marbre blanc. De chaque côté du sanctuaire, il y a une petite chaire pour lire les épîtres et les évangiles, ouvrages modernes, achevés en 1829 par Ferdinand VII. Ces chaires sont en marbre pour ainsi dire diaphane et de différentes couleurs, et ornées, l'une des portraits des quatre évangélistes; l'autre, des portraits de saint Jérôme, de saint Grégoire, de saint Ambroise et de saint Augustin, en cuivre doré. »

Ici l'aveugle reçut ses deux *pesetas* (quarante-deux sous) de récompense, et nous quitta. Notre société changeait de juridiction, et tombait entre les mains d'un clairvoyant, d'un ecclésiastique. Avec lui, je pénétrai dans la sacristie, puis dans le panthéon des rois d'Espagne. Un mot d'abord de la sacristie. Sous le rapport de l'art, et comme grandeur, elle est inférieure à celle de Burgos; mais en revanche, elle renferme beaucoup de bons tableaux. Les peintures dans la manière de Ribera y dominent. On remarque surtout trois admirables Ribera, une Descente de croix d'Albert Durer, que mon nouveau guide m'a assuré être le plus ancien tableau connu de ce maître, et le tableau dit *Las formas* de Coello. C'est une page historique, dont tous les personnages sont des portraits, et qui, je crois me le rappeler, représente une procession faite par Charles II. Le plafond de la sacristie forme un cintre, avec des imitations peintes de pierres précieuses. Rien de plus vif, de plus fin, de plus brillant que leur couleur. Dans une petite chapelle située au fond, on m'a montré deux drapeaux pris aux Français, à la bataille de Saint-Quentin. Il faudrait avoir bonne volonté pour reconnaître là des drapeaux blancs.

Au sortir de la sacristie, l'abbé se dirige à droite, ouvre une porte étroite et petite, scellée dans la pierre, et nous mène dans le Panthéon. Pour descendre dans ce dernier séjour de morts illustres, il faut suivre un escalier tout de granit et de marbre blanc, étrange alliance de ce qu'il y a de plus sombre avec ce qu'il y a de plus voluptueux. Les murs ont des ajustements de marbres de différentes couleurs. La dernière porte en marbre et cuivre va s'ouvrir. Je lis au-dessus de l'entrée du caveau:

NATVRA OCCIDIT, — EXALTAVIT SPES.

véritable inscription chrétienne, qui met en parallèle le néant de la mort et les espérances du monde. Aussi, en mettant le pied dans le caveau, mille réflexions vous assiégent. A l'aide du flambeau qui fait reluire un peu l'or de toutes ces tombes royales, vous apercevez en face de la porte l'image du Christ, du roi des rois, vous pouvez lire les noms de chaque mort écrits sur son sépulcre. Les tombes sont rangées dans des casiers, le long des murailles, par ordre de règnes. On n'y voit que celles des souverains ou reines qui ont eu des enfants de leur mariage. Mais au milieu de tous les souvenirs évoqués par la vue du Panthéon, les seuls qui saisissent sans cesse l'imagination, sont ceux de Charles-Quint et de Philippe II. On se rappelle l'admirable monologue d'*Hernani*, et, devant la dépouille de l'admirateur de Charlemagne, on s'écrie à son tour :

Tout est-il donc si peu que ce soit là qu'on vienne!

Un quart-d'heure suffit, — un quart-d'heure! — pour lire tous les noms de ces rois et reines, dont les dynasties ont duré plusieurs siècles. Quelques voyageurs ont prétendu que le Panthéon de l'Escurial n'avait rien de grand ni de majestueux; tel il peut paraître à celui qui n'interroge pas l'histoire en le visitant. Quant à moi, je trouve au contraire que cette petite salle octogone, pleine de poussières royales, de monarques qui se sont successivement envié le trône, et qui, à présent, se coudoient dans le néant, je trouve qu'un pareil séjour fait toujours une impression profonde et durable. En un instant, je rendais justice à chacun de ces morts. Leur histoire me semblait écrite sur leur cercueil en caractères de feu. Sur les unes je lisais : Hommage et gloire! sur les autres : Anathème et ignominie! Et l'effet est d'autant plus saisissant, que ces hommes ont emporté dans la tombe avec eux la grandeur de l'Espagne. Historien, philosophe ou poëte, qui ne se sentirait pas ému douloureusement devant un tel spectacle? Qui ne penserait pas ces vers que j'envoyai quelques jours après à un ami, Wilhelm Ténint?

O volonté de Dieu! — Tout marche,
Tout passe avec rapidité,
Tout fuit, comme un torrent, sous l'arche
Du grand pont de l'éternité!
Un impénétrable mystère
Préside aux choses de la terre
Et se rit des efforts humains!
Quand l'homme bâtit sur les sables
Des monuments impérissables, —
Qui croulent parfois dans ses mains!

Ouvrons le livre de l'histoire!
Spectacle à la fois triste et beau!
Le néant y heurte la gloire!
Le trône est auprès du tombeau!
Une leçon toujours nouvelle
A chaque page s'y révèle,
Leçon des peuples et des rois!
Car Dieu rattache à son essence
Et la faiblesse et la puissance,
Tous les devoirs et tous les droits!

L'univers entier est un homme
Qui naît, meurt, renaît. — Tout est là!
Athène a pâli devant Rome!
Rome est l'esclave d'Attila!
Tout a ses clartés et ses ombres!
Tout était grand, tout est décombres,
Du Capitole au Parthénon!
Comme des branches allumées,
Flammes d'abord et puis fumées,
Rome, Athène, ont encore un nom!

Tout à coup changèrent les rôles ;
L'empire d'Occident survint :
Les Espagnes après les Gaules,
Charlemagne, puis Charles-Quint !
Alors le monde se demande :
L'Espagnole ou bien l'Allemande,
Quelle puissance eut moins d'écueils ?
Ah! pour connaître la meilleure,
Pesez seulement, à cette heure,
Les poussières des deux cercueils !

Grandeur, humilité, tout passe !
Qu'on l'ait perdu, qu'on l'ait sondé,
L'instant ne laisse pas de trace
De l'instant qui l'a précédé !
Et chaque siècle a sa merveille !
Son chef ! son héros qui s'éveille :
Charles Douze ou Napoléon!
Tous deux menés par leur fortune ;
A Frédérickshall par la Dune,
A Sainte-Hélène par Toulon.

Hélas ! insensible à l'auspice,
Sous ses faiblesses succombant,
L'homme va droit au précipice
Et ne l'aperçoit qu'en tombant !
Il espère, il s'abuse, il songe !
Le passé lui semble un mensonge
Dont il appelle à l'avenir.
Emporté loin hors de sa sphère,
Deviner, c'est ce qu'il préfère, —
Il tremble de se souvenir !

Ces pensées-là m'ont poursuivi pendant toute ma promenade à l'Escurial. Pourtant, il fallut remonter, revoir le jour, revivre avec l'Espagne moderne, au lieu de songer à l'apogée ou à la chute des empires.

Et puis, des choses curieuses et étranges parvinrent à me distraire un peu. À peine rentrés dans l'église, notre guide nous fit signe de nous arrêter devant une chapelle fort nue, dont un Christ et deux chandeliers argentés étaient les uniques ornements. Sur un second signe de l'abbé, chacun de nous s'agenouilla. Nous allions voir la *Chapelle des reliques*. Un sacristain coucha sur l'autel la croix et les chandeliers, et ouvrit les deux battants d'une grande armoire pratiquée au-dessus. Après, il tira des rideaux, et nous aperçûmes une foule de reliques rangées sur des gradins, depuis le haut jusqu'en bas. Le guide se mit à genoux, fit une prière mentale assez longue, se releva, se tourna vers nous, et commença les explications. Ce ne fut pas l'affaire d'un moment. Les reliques conservées dans cette armoire sont au nombre de soixante-quinze à quatre-vingts, sans compter les portraits de saints. Je ne répéterai point tous les renseignements donnés devant cette chapelle, dix pages n'y suffiraient pas. Des bras de plâtre, des béquilles, des bouquets sont là tout prêts, pour attester les nombreux miracles obtenus par la vertu de ces reliques. Les globes de verre qui les renferment sont, en général, montés sur cuivre, sur argent, et même sur or. Il paraît que le monastère de *San Lorenzo* possédait autrefois dix armoires de reliques semblables, nombre réduit aujourd'hui à deux ou trois. Les fidèles ont toujours grande confiance en elles. Ils font toucher leur linge; ils viennent en pèlerinage pour honorer ces choses saintes. Les explications achevées, le prêtre se remit en prières; les rideaux furent fermés, les portes de l'armoire aussi, et nous allâmes nous promener dans le cloître, dont les murailles sont tapissées de peintures à fresque, grossières d'exécution, mais d'une composition admirable. Pellegrini a composé; ses élèves ont exécuté. Au milieu de la cour s'élève un petit dôme qui abrite les quatre évangélistes et qui est entouré de jardins de buis.

La vaste salle du chapitre a un *plafond renaissance*, aux couleurs brillantes. La vieille église n'est remarquable que par ses tableaux. Nous rentrâmes dans le monastère pour voir la galerie supérieure qui l'entoure, et où l'on monte par un escalier principal qui peut être regardé comme une des plus belles choses de tout l'édifice. Les marches ont environ quinze pieds de longueur, et sont taillées chacune dans une seule pierre de granit. Alors on se trouve bientôt dans le chœur placé au-dessus de l'entrée, et en face du maître-autel. Là, sont des merveilles en tout genre. Le *facistol* (lutrin), en bronze massif, pèse cinq cents *arrobas*, c'est-à-dire mille livres environ. Il a trente-deux pieds de tour et neuf de haut; quant aux livres de liturgie, ils ont presque tous trois pieds et demi de haut sur deux pieds et demi de large. Le lustre, du poids de quatre-vingts *arrobas* (cent soixante-dix livres environ), est en cristal de roche, fort ancien, et recouvert d'une couche de poussière tout à fait vénérable. Quatre paons en cristal y étalent leur queue transparente, et un aigle en facettes surmonte le tout. Les stalles des chantres et des enfants de chœur, très-larges et très-nombreuses, sont en bois sculpté. L'orgue a dix soufflets, et ne présente rien d'extraordinaire pour l'apparence.

En sortant du chœur, dans un corridor étroit, — si étroit qu'il fallut scinder la société des visiteurs en trois bandes, pour que chacun regardât à son tour, — on voit un Christ en croix, par Benvenuto Cellini. Ce grand artiste l'a fait expressément pour Philippe II. C'est une statue de beau marbre blanc, d'une exécution irréprochable. Il semble que tout soit os et chair. Le guide ferma un instant les contrevents d'une croisée qui se trouve en face, et un véritable phénomène nous transporta d'admiration. Nous croyions que les veines du Christ se gonflaient, que son front se contractait par la souffrance; il allait rendre l'âme, et les derniers efforts de la vie qui se retirait étaient exprimés avec un art sublime. Certaines gens doutent que ce soit là une œuvre de Benvenuto Cellini; et pourtant, rien ne s'oppose à ce qu'il ait travaillé pour Philippe II, comme il a travaillé pour François I. Ce Christ, d'ailleurs, brille par les détails, ainsi que tous les ouvrages du sculpteur florentin. Peut-être est-il une copie de celui du palais Pitti, que je n'ai pas vu, et avec lequel je ne puis établir de comparaison. Dans le même corridor, se trouve un petit tableau très-vieux et très-ingénieusement fait, qu'on appelle les *Sept péchés capitaux*. Le héros du sujet qui possède cette jolie collection de vices est un moine; aussi la toile en question est-elle reléguée dans un coin, et le guide ne la montre pas.

La bibliothèque de l'Escurial est vaste et belle, remplie de manuscrits, de livres rares et curieux. J'y ai vu des Bibles *illustrées*, mais illustrées par une foule de dessins originaux et coloriés avec le plus grand soin. Le conservateur m'a montré quelques manuscrits des Maures en bon état, un Coran, un *Código aureo* du temps de Conrad et de son fils. Plusieurs de ces manuscrits sont mis à plat dans des rayons, selon la coutume arabe, et le guide a pris grand soin de me faire voir des livres chrétiens, afin de faire disparaître l'impression agréable que j'avais ressentie en feuilletant les ouvrages des infidèles. Une Apocalypse qui remonte à une haute antiquité m'a paru l'objet le plus digne d'attention. Chaque page est un épisode sublime, chaque page est un tableau. L'artiste qui a composé tout cela a été inspiré par la même pensée qui créa le *Jugement dernier* de Michel-Ange. C'est un perpétuel contraste, le beau à côté du laid, l'ange à côté du démon, le ciel à côté de l'enfer. C'est un de ces témoins uniques de la piété brûlante et fantasque qui animait les artistes du moyen âge, livres qu'il est inutile de lire, et qu'il suffit de regarder pour comprendre toute l'époque. La bibliothèque de l'Escurial est d'ailleurs assez vaste. Elle a un plafond peint. A ses murs sont appendus d'excellents portraits de Charles-Quint, de Philippe II, de Charles II, de Philippe III et de Herrera, *architecte - inventeur* du fameux monastère.

Quant aux tableaux dont l'église ou le cloître sont décorés, il faut dire que l'Escurial n'est plus que l'ombre de lui-même. Il n'y a plus, comme autrefois, des moines Hiéronymites pour les garder précieusement. Chacun en a pris sa part. Les généraux français ont commencé le pillage, qui a toujours été depuis en augmentant. Les plus belles toiles aujourd'hui se trouvent au musée royal de Madrid; d'autres ont disparu, sans qu'on ait pu savoir au juste comment. Quelques œuvres des maîtres primitifs, quelques Tintoret, quelques Ribera sont restés à leur place; mais, au musée de Madrid seulement, vous retrouverez les plus magnifiques pages de peinture sacrée, avec ce mot indicateur au-dessus du cadre : *del Escorial.*

Passons. sans transition aucune, de ce séjour de prière et de mort à la *casa del principe* (maison du prince), séjour de fêtes et de joyeuse vie. La *casa del Principe* touche à l'Escurial. Les rois morts eussent pu entendre les éclats de rire des rois vivants, car un jardin à peine les séparait. Ici le trône, là la tombe; ici la puissance, là le néant. Un petit palais de plaisance, tout blanc, tout frais, tout lumineux, reçoit l'ombre de ces bâtiments gris, vieillis, sombres, — cette épithète-là revient toujours se poser sous notre plume. Peut-être eussions-nous dû visiter d'abord le palais avant le Panthéon, mais je suis la marche et l'ordre exact de mes impressions de voyage.

Il pleuvait toujours; décidément nous étions en Hollande, et non pas en Espagne. Trois heures avaient sonné : le dîner était servi; nous rentrâmes à la *fonda*. Et pendant le dîner, notre premier guide — l'aveugle

— se présenta à la porte de notre chambre, et nous offrit un petit coin de papier, quelque chose, comme un billet. C'était un permis d'entrer dans la résidence royale. Il nous avait choisis, de préférence aux autres sociétés, pour nous faire cette surprise aimable; je l'en remerciai beaucoup. Vingt minutes suffisaient, et au delà, pour engloutir, à quatre, un petit poulet rôti, un macaroni et du raisin. La pluie avait cessé au moment où nous nous mettions en route; mais à moitié chemin elle recommença de plus belle. Nous manquions de parapluies; un de nous retourna bien vite à la *fonda* pour en demander un à l'hôtesse.

— *Señora,* un parapluie, s'il vous plaît.

L'hôtesse ne comprit pas. Alors l'interrogeant chercha dans son dictionnaire de poche, et dit :

— *Señora, un parasol,* je vous prie.

L'hôtesse apporta une toute petite ombrelle.

— Non, ce n'est pas cela. — Notre ami chercha de nouveau. Le second mot du dictionnaire était *paragua.* Il le prononça, et l'hôtesse revint avec un vrai parapluie. Quant à nous, qui nous étions aventurés au milieu d'une avenue bordée seulement de deux murs, nous étions traversés au moment où le parapluie arriva. Je raconte ce fait pour montrer combien, parfois, les basses classes du peuple espagnol, soit par manque de jugement, soit par mauvaise volonté, ont la tête dure à l'endroit des demandes les plus simples. Évidemment, l'hôtesse devait comprendre, puisqu'il pleuvait, que notre ami demandait un parapluie et non un parasol. Vingt fois j'ai pu faire la même remarque, et je me rappelle qu'à *Baylen*, sur la route de Grenade, étant à table d'hôte, il nous arriva une chose encore plus significative. Nous avions avec nous un guide, natif de Séville, parlant français comme nous-mêmes, et espagnol comme un indigène. Pendant le dîner, il tint conversation avec nous, et demanda en espagnol à la *moza* (domestique) un couteau, je crois, ou une fourchette. La *moza* prétendit qu'elle ne comprenait pas, et le guide fut forcé de se mettre en colère et de prononcer quelques phrases *tout à fait* espagnoles, pour prouver sa nationalité. La *moza*, confuse, apporta bien vite l'objet en question, sans qu'il fût nécessaire de répéter la demande. Le fait est qu'elle le croyait Français. Il y avait mauvaise volonté chez elle. Mais, assez de cette digression, qui n'a guère de rapport avec la *casa del Principe*.

Une petite grille en fer, avec « logement de portier », donne entrée dans un vaste jardin, planté d'arbres verts pour la plupart. D'un rond-point assez grand partent des allées symétriques. Une d'entre elles, large et longue, conduit directement à la maison royale. De chaque côté coulent des ruisseaux d'eau vive qui baignent les pieds des arbres, et qui, se répandant dans des allées ou des massifs latéraux, arrosent d'un seul coup toute une partie du jardin. On peut dire alors, — dans l'acception véritable des mots, — qu'on « entend le murmure des ruisseaux et le chant des oiseaux. »

Comme architecture extérieure, la *casa del Prin-*

cipe n'a point d'apparence. C'est moins considérable encore que les bâtiments du grand Trianon; mais l'intérieur rachète dignement cette imperfection, qui, d'ailleurs, me semble commune à presque tous les monuments que j'ai vus en Espagne.

Un gardien, à la mise simple, plus que simple même, sans livrée, casquette sur la tête, devient notre cicerone, et nous montre tous les recoins de ce petit labyrinthe d'appartements.

Je fais ici comme un état de lieux.

Dans le salon d'entrée, un admirable *Saint-Jean-Baptiste*, par Murillo; après ses vierges, c'est celui de tous ses tableaux qui m'a le plus frappé. Il a de la grâce, de la vigueur et du naturel. *Le Nain*, par Velasquez, est une de ces œuvres moitié portrait, moitié étude, telles que les entendait si bien l'élève d'Herrera le Vieux. Le *Médecin*, magnifique petite toile qu'on m'a dit être d'Albert Durer, sent l'école flamande. Avec quelques tableaux plus ou moins grands et plus ou moins précieux, se complète cette première collection. Dans le *Cabinet de la reine*, j'ai compté quinze *amours* de petites toiles du même Albert Durer, hauts de huit pouces. Quinze *amours!* pardonnez-moi cette expression familière; mais j'y tiens, parce que je m'en suis servi sur le moment même, et qu'en la répétant je crois encore être devant ces charmants sujets, accompagnés d'ailleurs de *Téniers* fort jolis. Dans la salle à manger, sont une *Sainte-Catherine* et une *Sainte-Cécile*, de Guido Reni, que j'ai regardées avec grande satisfaction, les Guido

Reni étant très-rares en Espagne. Les *Quatre parties du monde*, par Jordan, peuvent passer pour de belles compositions, pleines de mouvement et de vérité; seulement, elles visent un peu trop à l'effet et au genre-décor. Une *Nativité*, une *Présentation au temple*, d'Andre del Sarto, sont placées dans un mauvais jour, et c'est dommage, car elles ont du prix. Un certain appartement est garni de tableaux d'ivoire en relief, représentant des sujets tels que *l'Enlèvement des Sabines, le Jugement de Salomon*, *l'Adoration des mages*, etc. On y en compte quarante-quatre, tous du même sculpteur. C'est tout un musée de miniatures en ivoire, peut-être plus curieux encore par l'étrangeté que par le mérite d'art.

Au reste, les appartements sont simples, ornés de plafonds délicatement faits, de parquets de marbre, d'incrustations, de mosaïques, de murs-tapisseries. Tout cela ne diffère guère de nos résidences royales, et encore moins des autres qu'on trouve en Espagne. Quant à moi, qui ai vu la *casa del Labrador* à Aranjuez, le *casino de la Reina* à Madrid, et le *Pardo*, j'affirme que celui qui voit une résidence, les voit toutes, à quelques détails près.

La *casa del Principe* est peut-être la plus riche en tableaux.

Je reparlerai rarement de ce genre de curiosités, si ce n'est pour indiquer quelques particularités bien tranchantes.

Le monastère vu, la *casa del Principe* vue, à l'Escurial, on n'a pas encore puisé à toutes les sources d'émotions. Il faut visiter le village, il faut errer sur les montagnes environnantes, et regarder de loin Madrid ; il faut fouler aux pieds ces monceaux de marbre qu'on rencontre sur le chemin ; il faut aller jusqu'à San-Ildefonso, jusqu'à Ségovie. Malgré vous, vous tournez toujours les yeux vers le gril de pierre.

Dire, cependant, que l'Escurial est la merveille des merveilles, c'est aller trop loin. Ce monument a un caractère qu'aucun autre ne possède, pas même l'abbaye de Saint-Denis ; mais il eût été possible de le rendre plus magnifique encore.

Grand voyage de Madrid à Tolède.

Certaines gens, bien sûr, trouveraient trop pittoresque le voyage de Madrid à Tolède, et il leur conviendrait peu d'arpenter douze lieues d'Espagne, mal assis dans une voiture mal suspendue, et sur une grande route moins tolérable que nos chemins de traverse abandonnés des propriétaires et des conseils municipaux. Comment une ville comme Tolède, cité importante, résidence de l'archevêque primat d'Espagne, voisine de la capitale, n'est-elle pas plus abordable? Qu'on se figure une plaine aride, rocailleuse ou sablonneuse, une route défoncée par le pied des bœufs et la roue des chariots. Trois mètres de large à peine sont praticables là où quarante mètres de terrain sont légalement affectés au percement de la route. On marche en zig-zag. De loin, le soir, on pourrait prendre la berline pour un homme ivre. A mon avis,

La voiture doit redevance
Aux maîtres en l'art de danser;
C'est pour reculer qu'on avance:
On recule pour avancer.

Si encore on rencontrait sur le passage « des précipices et des fondrières », la chose serait moins odieuse. On laisserait la voiture aller son train, et *se déhancher* à sa guise; on la précéderait, en courant çà et là voir telle roche, boire l'eau de tel ruisseau, sonder la profondeur de tel ravin. Mais non, le sol est plat ou effondré, et le cocher se préoccupe fort peu des côtes du voyageur. Il croit que les *pasageros* (les passagers) sont de fer comme sa voiture, et il va au grand trot dans cet endroit maudit, par exemple, où le simple pas équivaudrait déjà aux premiers appareils de la torture.

Ainsi ballottés, on traverse *Getafe*, qui possède une espèce de séminaire, un hôpital, et une église paroissiale assez remarquable; on arrive pour déjeuner à *Illescas*, renommé à cause de son image de Notre-Dame de la Charité, renfermée dans une église qui, quoi qu'on en dise, ne mérite que très-faiblement « l'attention du voyageur »; on passe sur le côté d'*Olias*, qui renferme deux mille habitants fort laborieux, dont les femmes fabriquent des bas de laine et de soie. Puis on est empêtré dans une véritable boue de sable. Les roues de la voiture gémissent, les fers des mules grincent, le cocher jure, le petit postillon fouette dur, et l'ennui et la fatigue gagnent. Voilà bientôt dix heures que nous sommes en route, et nous aspirons à voir Tolède. Nous apercevons enfin un groupe de maisons bâties sur une hauteur. Une magnifique aiguille de pierre nous indique la ville, et peu de temps après nous passons le Tage, et nous faisons notre entrée triomphale dans Tolède.

Certes, ç'a été là un grand voyage, bien qu'il ne soit pas plus long que de douze lieues. C'est par la fatigue qu'on mesure les distances. Mais, par bonheur, on est amplement dédommagé. La route est bien vite oubliée. Nous allons visiter une des villes les plus originales de l'Espagne, nous promener comme dans le vieux Rouen, si plein de couleur historique et de caractère. Nous entrons dans une sorte de musée, où les rues, les places, les monuments, les maisons, où tout enfin a conservé l'empreinte du moyen âge. C'est là qu'il sera facile de comprendre les détails de mœurs espagnoles et la couleur locale du drame réel qu'on nomme l'histoire. Qu'importe la fatigue ! l'aspect général de la ville a suffi pour en faire triompher. Cette silhouette qui se dessine sur un ciel pur attache nos regards, ne doutant point de la beauté des choses que nous allons voir en détail.

Soit qu'on se promène dans l'intérieur de la ville ou sur les bords du Tage, soit qu'on visite les monuments un à un, l'impression est toujours aussi forte. Le nombre des monuments, quoique bien moins considérable qu'il ne l'était autrefois, est cependant assez honnête encore. La Cathédrale d'abord, cet admirable édifice qui témoigne de la foi passée des Tolédans, domine tous les autres, et par sa hauteur et par sa magnificence. L'*Alcazar* ou forteresse, vaste bâtiment carré ruiné par les Français, est parfaitement bien situé pour défendre la ville. Le pont d'Alcantara se fait remarquer par sa hardiesse. Les restes du couvent de Saint-Jean-des-Rois portent encore les traces d'un travail d'architecture surprenant. L'hôpital de *Santa-Cruz* renferme de fort belles choses, — etc., etc.

Commençons donc par le commencement. C'est ici qu'il faut procéder par ordre.

A la *fonda del Miradero* (l'hôtel du lieu élevé et en vue), situé sur le point de la ville appelé *Mirador*, dont je parlerai bientôt, je n'ai fait que porter vivement mon petit bagage. Je prends pour guide un *gamin* de Tolède, et lui dis de me conduire à la Cathédrale. Nous montons jusque-là par des rues étroites et fuyantes. Il y a justement foire à Tolède pendant mon séjour, et les abords de la cathédrale sont remplis de marchands ambulants. Il peut bien être deux heures et demie. Il pleut, plus encore que lors de ma visite à l'Escurial; mais, heureusement, je n'ai plus à supporter que les dernières ondées. Le ciel recommence à sourire, et sa joie se manifeste par quelques échappées de soleil, qui forment comme des lames d'or transparentes, et blasonnent le haut clocher de l'église.

Et quel clocher ! — Une croix à jour le surmonte,

avec quatre boules au-dessous. Puis, à mesure que le regard va descendant, il aperçoit: un toit d'abord, avec trois couronnes en picots de fer probablement ; puis une tourelle de granit, ornée d'une balustrade et d'une foule de petits *obélisques;* puis encore une couronne de picots de fer; puis huit croisées qui donnent passage au son des fameuses cloches ; puis une guirlande de têtes d'hommes en marbre blanc, incrustées dans la pierre, sous une corniche; enfin au bas de la tour, d'autres incrustations de blanc ou noir, et quelques belles statues de marbre blanc. Tel est le clocher de la cathédrale de Tolède.

Sans vouloir établir aucune comparaison avec les plus beaux clochers de France, il faut reconnaître que c'est là un ouvrage vraiment délicieux.

Pour le portail, on n'en doit point parler, mais plutôt entrer bien vite dans l'église par cette magnifique porte du cloître, où l'on remarque des bas-reliefs si étranges. A peine ai-je pénétré dans la cathédrale, que mes yeux sont comme éblouis par les rayonnements de toutes couleurs que projettent les vitraux des fenêtres qui garnissent les doubles bas-côtés. De quelque côté que je me retourne, ma vue est satisfaite. Ici, c'est l'intérieur de la *puerta de Leones* (porte des Lions) où fourmillent les jolies statuettes dorées. Un orgue est au-dessus. A l'extérieur est un bas-relief qui représente l'Assomption ; et la grille qui en ferme le petit portail est maintenue par six colonnettes doriques de marbre blanc, chacune surmontée d'un lion sculpté. Là, un portrait en pied de *San-Cris-*

toval, haut de dix mètres au moins et peint à fresque, étonne par sa forme primitive et ses proportions gigantesques. Plus loin, la chapelle de *San-Ildefonso*, pleine de tombeaux; ou celle de *Santiago*, où l'on retrouve parmi les ornements des croissants et des coquilles, et la statue équestre de ce grand vainqueur des Maures; ou celle des fonts baptismaux fermée par une grille sur laquelle on remarque une sculpture en fer représentant saint Jean qui baptise le Christ. Toute cette grille est fer et dorure sur fer.

Déjà le lecteur a pu se former une idée de la beauté de la cathédrale. Une simple observation suffira pour aviver encore sa curiosité. Là, tout est parfaitement conservé; pas un vitrail qui soit brisé, pas une chapelle qui soit endommagée, pas une statue, pour ainsi dire, qui soit même estropiée. L'église, comme la ville, a gardé son aspect intact. Le badigeon, seul, l'a salie, mais non dénaturée. Dans un tel état de conservation, les monuments gagnent beaucoup à être visités. Le voyageur se trouve heureux de n'avoir point à faire l'architecte, de n'avoir rien à reconstruire en imagination.

Il vaut encore mieux voir que méditer sur ce qu'on pourrait voir. Les réalités donnent champ libre aux espérances; les ruines éveillent des regrets.

Mais, — aucun jour n'est plus poétique que celui dont nous avons fait choix pour entrer dans la métropole. Au moment où le chapelain nous ouvre la grille du chœur, le soleil, obscurci pendant quelques minutes, a franchi sa prison de nuages. Il répand des flots de lumière sur les belles stalles de bois sculpté qui entourent le *facistol* (lutrin). Grâce à lui, aucun des détails les plus minutieux ne nous échapperont. Chaque stalle a pour dossier un bas-relief de bois, dont le sujet est ordinairement très-compliqué. Voici pour le rang des stalles par bas. Celles du haut forment comme des petits cloîtres avec des colonnes de marbre *multicolores*. Elles ont des incrustations étrusques. Chacune d'elles porte le nom d'un saint écrit en grosses lettres ; chacune d'elles est surmontée de la statue de son patron. Outre ces deux rangs de stalles, il règne encore autour du chœur une espèce de galerie, avec des colonnettes élancées, et des statues de marbre blanc, placées plus haut, et au-dessus de celles dont je viens de parler. Ce sont les rois de Juda, ou les personnages les plus fameux de l'Écriture-Sainte. Une rampe de fer, parapet de cette galerie, garantit le passage pour aller aux orgues.

Puis, n'oubliez pas que toutes ces sculptures de bois sont des sujets bizarres, monstrueux. Aux portes des gradins, on voit des singes qui jouent à la boule, ou des chiens qui se mordent, ou des lions qui se battent les flancs. Des scènes profanes se mêlent aux épisodes sacrés. Le satyre païen tire la langue à côté de l'ange chrétien en prières. La fantaisie rit devant l'idée chrétienne qui médite. C'est un pêle-mêle, une confusion, un labyrinthe, où l'art seul se retrouve toujours. Et l'étonnement cesse bientôt, car le sculpteur est Berruguete, élève de Michel-Ange.

En sortant du chœur, la grande chapelle étonne à

cause de son caractère tout différent; elle est aussi fermée par une grille à ornements dorés; son plafond est à petits carreaux d'or; toutes ses colonnes, toutes ses statues, tous ses ornements sont blanc et or; et pourtant, rien ne semble lourd ou massif. Une délicatesse exquise, une harmonie parfaite dans les détails rendent admirable la vue de l'intérieur de la grande chapelle. Le maître-autel, dit *le Transparent*, construit en 1721 par Narciso Tomé, est l'œuvre la plus fantasque qui se puisse voir. Cet autel est disposé de manière que, grâce à un soleil placé au centre, le Saint-Sacrement, aux jours de grande fête, peut être adoré du côté de la grande chapelle et du côté de l'abside. De là lui vient son nom. La masse de sculptures qu'on y remarque, ne souffrent guère la critique; mais, de loin, n'étaient les ornements surchargés d'or qui les accompagnent, elles produiraient un bel effet.

Du côté de l'abside, la partie de l'autel achevée au seizième siècle, par les ordres du cardinal Cisneros, contient d'excellentes parties. C'est, néanmoins, un assemblage un peu confus de gloires, d'anges, de nuages et de marbre, sur lesquels glissent des rayons d'or. Deux bas-reliefs de cuivre massif semblent avoir plus de valeur intrinsèque que de mérite artistique. L'autel, en marbre de Carrare, est couvert de mosaïques, ou plutôt d'incrustations en fleurs de toutes espèces.

La chapelle des *Reyes nuevos* (nouveaux rois), peut être comptée au nombre des plus belles. Elle renferme

G.P. Villa Amil pinx.t Imp. Grégoire & Deueux, Paris. Challamel del.

AUTEL APPELÉ LE TRANSPARENT
dans la Cathédrale de Tolède.

des tombeaux, et la statue de Jean II à côté du sarcophage de la reine Doña Juana, sa bisaïeule. La chapelle du connétable Don Alvaro de Luna, le favori de ce roi Jean II dont le long règne fut peut-être dû à ses exploits, est curieuse. La vie de Don Alvaro de Luna projette une sombre lueur sur ces murs sculptés. Trente ans, il servit la cause du progrès en Espagne; puis il succomba sous les attaques des grands, et mourut sur un échafaud. « Suivant la tradition, dit un écrivain, le connétable avait fait placer et construire dans sa chapelle deux sarcophages en bronze, avec sa statue et celle de sa femme; et ces deux statues, également en bronze, étaient disposées de façon à ce que certains ressorts les missent en mouvement au moment où l'office commençait, et les agenouillassent dans l'attitude d'entendre la messe. Dans une émeute, excitée par l'infant d'Aragon Don Enrique, ennemi mortel de Don Alvaro, la populace brisa les deux statues et leur mécanisme, et l'infant les convertit en monnaies. »

La *Salle capitulaire d'hiver*, fondée par le cardinal Cisneros, a une porte fort remarquable, et contient à l'intérieur des peintures de style primitif.

Jamais un voyageur ne visitera la cathédrale sans qu'on lui propose de monter à la tour. Un peu plus, un peu moins hautes, les tours sont, à mon avis, partout les mêmes en dedans, et je ne m'occupe guère, je l'avoue, de cloches plus ou moins gigantesques. Celles de Tolède sont renommées. Il faut les voir, ou bien on vous dirait que « vous n'avez rien vu. » Mais, avant tout, il faut contempler la ville, embrasser d'un coup d'œil le panorama qu'offrent les maisons grises, les toits rougeâtres et le Tage, ce fleuve « aux sables dorés », selon les poëtes, mais, en réalité, aux eaux limoneuses, près de Tolède. Sa beauté est toute différente. Il est sombre, plaintif, dissimulé, courant de rochers en rochers, et n'ayant point de rives planes. Les campagnes des environs servent à faire admirer plus encore la ville, aussitôt qu'on veut établir une comparaison. Quelques-unes pourtant, vues du *Mirador,* sont pittoresques et gaies; des *cigarrales*[1] badigeonnées, neuves, disséminées çà et là, animent le froid paysage. Quelques fabriques, entre autres la fabrique royale d'armes blanches, sont considérables; mais, ce qui plaît par-dessus tout, c'est cette agrégation d'églises, de chapelles, d'oratoires, de vieux monuments, restes des vingt paroisses, des six *mozárabes*, des quatorze couvents d'hommes, des vingt-trois communautés de femmes, des neuf hôpitaux, des neuf chapelles publiques qui florissaient autrefois dans Tolède. Les habitations, resserrées et séparées par des ruelles, semblent être un seul bâtiment. Les trois portes principales, celle de *Cambron,* celle de *Visagra*, et celle qui est dite *la Nucoa*, ferment dignement la ville, bien que la seconde soit placée presque dans le centre. Quant aux *paseos* (promenades), on peut à peine les distinguer, si ce n'est par des arbres rachitiques, dont quelques branches

[1] Nom donné aux maisons de campagne aux environs de Tolède.

s'aperçoivent par une embrasure de maisons. La population fourmille dans ces rues étroites et montueuses. Du haut de la tour, tout prend des proportions exiguës, et l'on croit voir une ville en miniature. Un léger bruit monte jusqu'à vous ; c'est comme un chuchotement continuel, une conversation générale, qui frappe d'autant plus que l'on aperçoit peu de promeneurs.

Après ma première visite à la cathédrale, je me dirigeai vers *l'Alcazar*, — c'est-à-dire, vers quatre grands corps de bâtiments, dont bien des fenêtres sont bouchées : architecture moitié mauresque et moitié renaissance ; vaste quadrilatère, au faîte duquel règne un immense feston de pierre ; forteresse commencée par les Maures, réédifiée par Charles-Quint, et démolie en partie par les Français pendant la guerre de l'Indépendance. L'Alcazar et *Saint-Jean-des-Rois* sont aujourd'hui dans le même état de dévastation. Quelques statues dans un cloître en ruines ; des chaînes appendues le long d'un mur extérieur qui peut-être ne restera pas longtemps debout ; des arceaux qui ne supportent plus rien ; des croisées qui n'ont plus de vitraux ; des niches sans statues, des statues brisées, — voilà ce que j'ai pu encore voir de l'ancien couvent fondé, en 1477, par Ferdinand V et Isabelle la Catholique.

Saint-Jean de la Pénitence, couvent de religieuses, est un édifice du seizième siècle. La première synagogue, aujourd'hui église de *Sainte-Marie la Blanche,* est une construction des Maures. Si vous demandez à un homme du peuple de quel temps elle date, il vous répondra que la synagogue a été bâtie à l'époque de la première dispersion des Juifs ; que ces combles, en bois de cèdre, ont été taillés dans les arbres du Liban, et que les fondations en ont été posées sur de la terre venant de Sion en droite ligne. C'est là une fable populaire à laquelle il faut se garder d'ajouter foi, sous peine de passer pour un homme crédule et sans discernement. La synagogue ne remonte guère plus haut que le huitième siècle.

L'hôpital de Saint-Jean-Baptiste est renommé à cause du tombeau du cardinal Don Juan Tavera, archevêque de Tolède. Ce tombeau est un des plus admirables ouvrages du fameux Alonzo Berruguete.

Le crépuscule descend au moment où je reviens à la *fonda*. Je rends une seconde visite à la cathédrale, dont je ne puis me lasser de faire le tour. Les triptiques de plusieurs chapelles sont illuminés, des fidèles sont en prière devant celle de la Vierge. Le plus parfait silence règne dans la métropole ; seulement, à différents intervalles, on entend le pas mesuré et respectueux d'une personne qui veut sortir. Un jour douteux pénètre encore au travers des magnifiques vitraux, si brillants de couleurs et si bien conservés. Tout est imposant à cette heure dans la maison de Dieu. Demain, dès le matin, j'y retournerai encore, pour voir les premiers rayons du soleil éclairer la cathédrale de Tolède.

Donc, en reprenant le chemin de la *fonda del Miradero,* j'examine pour ainsi dire chaque rue, chaque place, chaque maison en détail.

On pourra prétendre que la ville de Tolède n'est point belle. Personne ne sera tenté de dire qu'elle manque de caractère.

Des réverbères jettent une faible clarté dans les rues, où le pas est difficile à tenir, tant elles sont mal pavées. Les places sont remplies de monde, mais je n'y vois aucun promeneur; les militaires y foisonnent. Tolède est une ville de défense. La plupart des portes des maisons sont damassées en fer et ont des chambranles de granit ou de pierre grise, avec un fronton, que soutiennent deux lions ou des boules superposées. Quelques blasons témoignent de la noblesse des anciens propriétaires, mais ils n'y sont point si nombreux que d'Irun à Burgos. Des croix en fer ornent la grille de quelques croisées; les boutiques ont une large devanture, comme celles des piliers des halles de Paris. Inutile de dire qu'il ne faut point demander une *bonne lame de Tolède* là où l'on vous vend toute espèce de couteaux, excepté des couteaux fabriqués à Tolède.

La soirée promet d'être belle. Pendant la journée il a plu, mais un vent assez fort a chassé les nuages, et nous aurons clair de lune. Dînons vite, nous nous mettrons à la croisée pour jouir d'un point de vue délicieux. Deux ou trois soldats causent avec des *manolas* et des blanchisseuses, assis sur le chaperon d'un mur fort peu élevé. Une jeune fille, de la croisée d'une maison voisine, rit, et vient à chaque instant pour voir les Français, et surtout la Française débarquée à l'hôtel. Un *muchacho* (un jeune homme, chante un refrain national, et quelques bonnes *criadas* (domestiques), appartenant à l'hôtel, nous écoutent attentivement fredonner le fameux air :

Fleuve du Tage,
Je fuis tes bords heureux.

Une fraîche brise, telle que nous en implorons depuis longtemps, nous délasse d'une fatigue de quinze jours au moins. Le léger brouillard qui s'abat à nos pieds, tout illuminé qu'il est par la clarté de la lune, ressemble à une poussière d'argent. Du haut de la terrasse où nous nous promenons de long en large, nous croyons avoir devant les yeux un paysage oriental. C'est à regret que nous quittons ce lieu poétique, et nous voudrions passer la nuit à la belle étoile, ainsi que les galants troubadours. Mais, quoi que nous disions et fassions, nous avons besoin de repos, et notre retour à Madrid, pour le lendemain, ne s'effectuera pas sans d'extrêmes embarras.

L'horloge de la cathédrale avait à peine sonné cinq heures, que je rendais ma troisième visite au fameux *transparent*. De l'intérieur de l'église, on entendait le chant des oiseaux s'ébattant dans les nids bâtis aux angles des fenêtres. Le jour était vif, autant que le ciel était pur. Toutes les chapelles avaient un air de fête. C'était le dernier jour de la foire, et peut-être le nombre des messes devait-il être plus considérable qu'à l'ordinaire. Après avoir fait deux ou trois fois le tour du chœur et de la grande chapelle, j'allai sur le *Mirador*, appelé autrefois la *Roche Tarpéienne*, lieu aride et sauvage, célèbre pendant le siége de Tolède par les Goths, et d'où l'on aperçoit les fameux monts de Tolède, où le brigand José Maria et ses compagnons ont exercé longtemps leurs vols à main armée, José Maria qui, une fois devenu riche, s'est promené comme un seigneur dans les rues et les *paséos* de Séville.

Cependant, il fallait songer au départ, payer l'hôtesse et se procurer une voiture pour aller à Madrid, toutes les places de la diligence étant retenues. La veille, l'hôtesse m'avait dit en espagnol, en regardant notre compagne de voyage :

— Cette *señora* me plaît beaucoup.

— Tant mieux, avions-nous ajouté en nous-mêmes. C'est une bonne chose que de ne pas déplaire à son hôtesse.

Mais c'était une manière de dire, et « tout flatteur vit aux dépens de celui qui l'écoute », a dit le bon Jean La Fontaine. Lorsqu'il s'agit de payer, elle nous écorcha vifs, la charmante patronne de l'hôtellerie ; elle nous fit payer un fort mauvais dîner au moins quatre francs par tête, et le reste en conséquence, et d'après le même tarif. Pourtant, comme j'ai le bonheur d'être optimiste, en voyage aussi bien que dans mes pénates, je consolai mes deux compagnons, en leur répétant deux fois cette phrase bien simple : « Cette femme eût pu nous recevoir d'une façon mal agréable, et nous faire payer aussi cher sa mauvaise mine que sa bonne humeur. »

Le fait est qu'elle nous avait apporté de beaux

draps, garnis de mousseline brodée, avec des oreillers *idem*, pour coucher, le tout parce que la *señora* lui plaisait, ou que nous lui paraissions de riches voyageurs. Elle nous avait procuré d'excellent vin de Malaga, de bonnes anguilles du Tage, un fort mauvais poulet et un exécrable macaroni. Elle était « aux petits soins pour nous. » En échange, nous l'avons *payée* de retour, et nous nous sommes bien promis, si jamais nous revenions à Tolède, de prendre gîte ailleurs, dans la *fonda del Parador* (grande hôtellerie), ou *del Arzobispo* (de l'archevêque).

Autre contrariété. Nous devions absolument revenir à Madrid à jour fixe. Il fallut chercher dans la ville un homme qui voulût bien nous y conduire, et nous n'avions obtenu aucun renseignement à cet égard. Pourtant un boutiquier obligeant nous mena chez un loueur de voitures. Mais, hélas! il n'avait à sa disposition qu'une *calesa* (un tout petit cabriolet), pouvant tenir deux personnes seulement. Et nous étions trois. On avisa de part et d'autre plusieurs moyens. On était près d'en choisir un, quand les tintements d'une sonnette se firent entendre au dehors, dans la rue.

C'était le saint viatique qui passait. La femme et les filles du loueur de voitures, et lui-même, se mirent à deux genoux, et restèrent prosternés profondément pendant plusieurs minutes. Nous suivîmes leur exemple. Un prêtre, accompagné de deux acolytes, tenait en ses mains le ciboire plein d'hosties consacrées, et il allait administrer les derniers secours spirituels à un moribond, habitant de la rue où nous nous trouvions. Suivaient quelques amis ou quelques connaissances du malade, tristes, priant, portant de petites lanternes fixées au haut d'un bâton.

Cette cérémonie est imposante, et encore aujourd'hui le passage du saint viatique est chose solennelle. Anciennement, à l'instant où résonnait la clochette, tout se taisait, tout se mettait en prières, le passant dans la rue, le marchand dans sa boutique, la *señora* dans son appartement. Au théâtre, on interrompait la représentation; les postes militaires présentaient les armes; quelques soldats, tête nue, formaient l'escorte du prêtre. Les carrosses s'arrêtaient, fût-ce celui du roi d'Espagne, et il n'était pas rare de voir ce dernier accompagner à pied l'officiant jusqu'à la demeure du moribond.

De tout cela, ce que j'ai vu, à Tolède ou à Madrid, ne va pas plus loin que l'agenouillement des passants et la station des carrosses. L'état actuel de l'Espagne donne à penser que le saint viatique n'est plus entouré d'autant de vénération que par le passé, à cause de la terreur qu'inspirent les libéraux.

La clochette cessa de se faire entendre. Tout le monde se releva après avoir fait le signe de la croix, et notre conversation interrompue reprit son cours.

Il nous était donc venu à l'idée de prendre une *calesa* et un cheval. Prix débattu, chose convenue, une autre difficulté se présenta. Nous voulions arriver le soir même à Madrid; mais le *mayoral* déclara que sur les douze lieues de chemin à faire, il n'en promettait que dix. Nous devions coucher à Getafe, en vue et à deux lieues de Madrid. Il donnait pour raison que sa mule était en convalescence, et sortait d'une maladie qui avait été occasionnée par le voyage même que nous demandions à faire. Toutes les instances auprès de lui demeurèrent sans effet. Force fut de se résigner et d'accepter les conventions.

Pour ma part, je suis assez mauvais cavalier, je l'avoue. Si, comme mon compagnon, j'eusse été ferme sur les étriers, aucune émotion pénible ne m'eût saisi au moment de notre départ. Je me demandais si ce cheval était doux ou méchant, calme ou rétif; il était si haut de taille, que la prévoyance d'une chute pouvait bien m'effrayer un peu. On m'avait garanti la bonne conduite du quadrupède.

A heure dite, d'assez grand matin, la *calesa*, le cheval sellé et le mayoral attendaient devant la *fonda del Miradero*. Notre dame monta en *calesa*, et il fut convenu qu'au moins pour sortir de la ville, mon compagnon irait à cheval, et moi en voiture. De plus, de deux lieues en deux lieues nous devions nous relayer. Le mayoral s'assit de côté sur le devant de la *calesa*, donna un coup de baguette à sa belle *Estrella* (Étoile), — c'est ainsi qu'il appelait sa mule, — et nous descendîmes au pas toute la route, jusqu'au delà du pont.

Une *calesa* mérite description. La nôtre était une sorte de petit cabriolet fort coquet, doublé de drap rouge, et dont on avait recouvert le siége en drap bleu. Je pourrais dire qu'il était « chevillé en cuivre », et garni de toutes parts avec des agréments de laine ou de soie. Au fond se drapait un charmant rideau de soie bleue, avec glands et franges. Il avait, à l'extérieur, des peintures-grisailles. Sur les côtés, des fruits. Derrière était dessinée une allégorie, avec une tour, un Amour, des fleurs et un ruisseau. Sous la *calesa* était suspendu un filet de grosses cordes de chanvre, destiné à contenir les effets des voyageurs. Les brancards, les roues, le train entier étaient peints en rouge.

Deux personnes ne pouvaient guère se trouver à l'aise dans la *calesa*, d'ailleurs fort échauffée par un soleil ardent, et par une température de trente-deux degrés Réaumur.

Je vous le dis, j'étais superbe à cheval, et près d'Illescas j'éclatai de rire tout à coup, en pensant à Rossinante et à Don Quichotte. Un moulin fonctionnait tout près de là, et mon cheval, fort galant sans doute, ne voulait point, quelque correction que je lui donnasse, passer devant la resplendissante *Estrella*. Oui, resplendissante, car elle était coquettement harnachée. Sur le haut du collier de notre mule, il y avait une jolie petite tête de chien en cuivre, surmontant une espèce de chapeau d'arlequin, aussi plaqué de cuivre. Un bâton couvert de velours rouge, avec des effilés de plusieurs couleurs aux deux extrémités et avec deux glands verts, dominait son collier.

Notre voyage ne manquait point de pittoresque; mais, à la longue, il devenait fatigant, moins pourtant que dans la diligence. Nous cheminions au pas, nous arrêtant quand bon nous semblait. Par exemple, nous ne pouvions jamais aller au galop. Aussitôt que le mayoral voyait sa mule suer un peu, il se mettait en peine. C'est que la pauvre bête, nous assurait-il, avait failli mourir dernièrement d'une sueur rentrée. Du train dont nous marchions, pareil malheur n'était point à craindre. Nous avions mis plus de douze heures pour faire neuf lieues.

C'est alors que la perspective de coucher à Getafe nous sembla désolante. N'eût-il pas mieux valu donner tout au monde pour rentrer le soir même à Madrid? Je me chargeai de décider le mayoral, et je fondai mes espérances sur la sensibilité et la générosité de son cœur.

—Mayoral, lui dis-je, est-ce que vous ne pourriez pas faire un petit effort, et pousser jusqu'à Madrid?

— Impossible, *señor*. Estrella serait trop fatiguée.

—*Caramba!* (autrement dit, ventrebleu!) C'est une chose bien malheureuse. Vous êtes un bon homme?

— *Si, señor*.

— Tel que vous me voyez, je vais à Madrid pour trouver mon père qui est arrivé depuis hier, et qui ne m'a pas vu depuis plus de trois ans. (Je mentais horriblement, car mon père n'a point quitté sa petite maison de Paris.)

— Vraiment !

— C'est comme je vous le dis. Votre *calesa* est des plus commodes ; votre mule marche comme celles de la *reineta Isabel*. Dans quelques jours je reviendrai à Tolède ; vous m'y mènerez sans aucun doute, et me ramènerez. — Ah ! mayoral ! si vous saviez comme j'ai le désir d'embrasser mon père ! Mais qu'est-ce que cela vous fait donc de coucher à Madrid ou à Getafe ?

— C'est à ma mule que je pense. Écoutez, si elle n'est pas trop fatiguée quand nous allons arriver à destination... je suivrai peut-être la route.

— *Buen hombre !* (bon homme !) m'écriai-je en lui serrant la main avec une sorte d'attendrissement comique, ce qui fit rire sous cape ma compagne de *calesa*.

Le mayoral paraissait être d'une excellente nature, et je ne mentais point en l'appelant *bon homme*. Cependant ce *peut-être*, seul résultat de mes instances, était loin de me satisfaire. Je voulais un *bien sûr*. Et, pour y parvenir, j'eus recours à une éloquence très-persuasive, et très-goûtée dans tous les pays du monde. Le moment était critique. Nous entrions dans la grande rue de Getafe. Je prononçai le mot *douro para la propina* (un douro de pour-boire). A quoi le mayoral ne répondit rien. C'en était fait de notre partie du lendemain à Madrid ! Mon compagnon, néanmoins, avait eu le soin d'aller derrière la *calesa*, pour que le mayoral ne s'aperçût pas que son cheval traînait le sabot. Aucun de nous n'ajouta une seule parole. Nous laissâmes faire l'arbitre de notre sort. Je remarquai bientôt qu'il traversait complétement le village, et qu'il n'y avait déjà plus apparence de *posada*. Nous avions en ce moment la respiration fort courte, et nous fîmes tous trois un long soupir de joie lorsque nous nous aperçûmes qu'Estrella continuait la route, et que son maître l'avait morigénée au moment où elle avait voulu prendre une rue latérale. La pauvre bête sentait l'écurie ! — O bonheur ! nous ne pouvions rentrer à Madrid avant dix heures du soir, mais, au moins, la matinée du lendemain ne devait pas être perdue.

Je remerciai le mayoral, et lui donnai une seconde poignée de main — accompagnée du *douro* promis.

Ainsi finit notre grand voyage de Madrid à Tolède. De Getafe à la capitale, nous n'éprouvâmes que peu ou point de fatigue. La nuit était tombée. Un léger et chaud brouillard enveloppait la plaine. La lune brillait. Madrid, au loin, nous semblait une féerique apparition. Les clochers avaient une teinte lustrée et blanche. Une vapeur assez épaisse couvrait la ville, et contribuait encore à en rendre l'aspect plus extraordinaire. Le sol sur lequel nous marchions paraissait jaunâtre, et les rares habitations que nous rencontrions sur notre passage avaient une couleur mystérieuse. A une lieue de Madrid, on se fût cru dans un désert; cependant, quelques voyageurs à cheval, et comme nous attardés, nous saluaient sur la route, et nous souhaitaient la bonne nuit. Quelques *arrieros* (muletiers), couchés sur leurs chariots, se levaient pour prendre le large à la vue de la *calesa.* Cheval et mule achevaient péniblement leur tâche. Arrivés sur le pont monumental de Tolède, à Madrid, nous poussâmes encore une exclamation de joie. Le mayoral, connaissant peu la capitale, nous suivit à l'aventure; et comme il était écrit que ce voyage serait plein d'épisodes, voici ce qui nous arriva. Nous nous séparâmes. J'allai chercher de quoi souper. Mon compagnon suivit le mayoral, et quand j'arrivai à l'hôtel, la *calesa* n'avait point encore paru. Mon compagnon s'était perdu. Il avait demandé à un passant la *casa de correos* (la poste aux lettres) d'une façon apparemment peu espagnole, car on lui avait indiqué sa route, en lui répondant en excellent français:

— Vous n'êtes point dans votre chemin, monsieur.

Un petit bal à Aranjuez. — Passage de la Sierra-Morena. — La messe à Cordoue.

Nous sommes logés à l'*hôtel de la Costurera* (de la Couturière). Mon hôtelier tient le bureau des voitures de Madrid à *Aranjuez*. C'est un Piémontais sec et maigre, entre deux âges, ancien soldat de Napoléon, et qui parle français. Ce brave homme regrette son pays, mais il a femme et enfants en Espagne, et il reste cloué là, le tablier blanc devant lui, servant aux voyageurs ce qu'il appelle ingénument de la cuisine à la française. Son hôtel est vaste, et possède je ne sais combien d'issues, avec bon nombre de corridors et de chambres dont les murs sont blanchis à la chaux. Au printemps, quand la belle société de Madrid vient habiter Aranjuez, l'hôtel est comble. Nous nous y trouvons en août. Nous sommes trois, ni plus ni moins. Le rez-de-chaussée sert de café. Il y a deux billards dans une salle spéciale. Le jour, tout est fermé du côté de la rue, et lorsque vient le soir, il semble que l'hôtel se soit métamorphosé. L'hôtelier donne quelquefois des bals. C'est un homme qui entend parfaitement bien son affaire.

Le personnel de la maison surpassait le nombre des voyageurs. Il se composait du maître, de sa fille, de sa belle-mère, de deux *criadas* (domestiques), l'une appelée Catalina, l'autre Martina, — deux brunes foncées, merveilleusement jalouses entre elles; d'un domestique d'écurie portant le mot *bêtise* écrit sur sa figure, et d'un petit garçon dont l'air éveillé et intelligent faisait vraiment plaisir à voir. Certes, nous ne pouvions manquer d'être bien servis. Le fait est que j'aurais tort de me plaindre, et que je serais un ingrat, si je notais mal le vaste *hôtel de la Costurera*. J'y ai pris, d'ailleurs, quinze ou vingt excellentes leçons pratiques de langue espagnole, soit avec la belle-mère, soit avec la Catalina, soit avec la Martina que je prenais à tâche de plaisanter sur sa chevelure absalonienne. La Martina, — c'est chose à dire, — arrangeait ses cheveux de la façon la plus singulière. Ils faisaient l'effet d'une corde à puits roulée en forme de 8. Fixée par une douzaine d'épingles noires, la corde à puits en question n'est pas, que j'aie pu croire, très-souvent déroulée. J'admets que la Martina refait sa natte tous les cinq jours, et, bien sûr, je suis généreux. Mais la Martina danse très-bien *las Manchegas*. A Dieu ne plaise que je la calomnie!

Sa rivale, la Catalina, est une fille svelte et élancée. Elle a du feu dans les yeux, mais toute sa beauté ne va pas plus loin. Sa parole est brève et un peu sèche, notamment quand elle parle de Martina.

De la fille de l'hôtelier, je n'en parlerai point. Nous étions sur le pied de la froideur ensemble. Mais la belle-mère, c'est différent. C'est une dame âgée dont la figure, conservant les traces de la beauté, est fort douce et en même temps fort aimable. Elle me donnait des leçons d'espagnol. Assis tous deux dans la salle d'entrée qui sert de bureau pour les diligences, nous entamions la conversation, pendant que les gens de la maison faisaient la sieste ou vaquaient à leur service. Le sujet était toujours la France, qu'elle aimait sans la connaître. Paris surtout, Paris l'intéressait beaucoup. — Il y avait pour petits tableaux, dans l'endroit où nous causions, des gravures du *Petit Courrier des Dames* et de l'*Album de l'Opéra* encadrées, avec une caricature d'hommes à têtes de bêtes, encadrée aussi. Il était convenu, entre nous, que la dame parlerait lentement, et que je m'efforcerais de répondre à toutes ses questions, sauf à écorcher la langue espagnole. La première conversation que nous eûmes ensemble fut un peu difficultueuse. A la seconde, nous nous entendîmes parfaitement. Elle tricotait en parlant, et moi, dictionnaire en main, afin d'y chercher les expressions les moins usuelles, je formulais les phrases, qu'elle rectifiait aussitôt sans lever pour cela les yeux. Nos moindres entretiens duraient des heures entières, et il s'était établi presque de l'intimité entre cette excellente dame et moi.

A l'heure des repas, nos hôtes nous offraient un petit

verre de Malaga, et le Piémontais racontait une de ses campagnes sous l'Empire.

Aranjuez devait être, apparemment, la ville où nous aurions le plus à nous louer de la gracieuseté espagnole. Nous avions fait connaissance, dans la voiture, avec un chef des douanes fort aimable et très-complaisant, lequel s'était offert de bon cœur à nous promener dans les jardins historiques d'Aranjuez. Ce n'était point une promesse en l'air. Nous l'eûmes pour *cicerone*. Quelle différence entre le guide payé, entre le guide *de son état*, et le guide intelligent et de bonne compagnie que nous avions rencontré là !

Le premier explique les choses avec une ponctualité, avec une volubilité de paroles fatigantes. Il dit, il dit toujours ; mais répondre à des interrogations, cela lui est impossible. Du reste, il s'acquitte généralement de sa besogne avec conscience, et s'il écorche les noms des rois ou des fondateurs, s'il donne à un monument trois siècles de trop, on sait par lui — que tel vase est en marbre, que tel escalier a deux ou trois cents marches, ou bien que tel jardin a coûté nombre de millions à planter.

Notre guide, à nous, marcha à notre pas, se fit une loi de notre fantaisie, provoqua nos interrogations, prévint nos désirs. Sans faire parade de ce qu'il savait, il partagea avec nous ses connaissances acquises.

Ce dernier portrait est celui du chef des douanes d'Aranjuez, un de ces hommes pour qui les compliments sont des vérités.

Aranjuez est une résidence royale pour le printemps. Verte oasis au milieu d'une campagne aride, le plus grand étonnement nous saisit à la vue de la hauteur et de la vigueur des arbres qu'on y rencontre. Le Tage et le Jarama, qui l'arrosent, sont pour beaucoup dans cette végétation si étonnante aux environs de Madrid. C'est une ville à la hollandaise, selon l'idée conçue par le marquis de Grimaldi, à son retour de l'ambassade de Hollande. Rues larges et droites, maisons peu élevées, palais immense, jardins pittoresques. Au mois de mai, Aranjuez est un séjour délicieux. Le jardin de *la Isla* (de l'Ile), au milieu duquel coule le Tage, et celui *del Principe*, aussi arrosé par le Tage, ont de douces retraites et de sombres allées. Le Palais-Royal, situé dans *la Isla*, est l'œuvre de Juan de Herrera, et fut construit par l'ordre de Philippe II. La *Casa del Labrador* (la maison du Laboureur), cachée au fond du jardin *del Principe*, fut bâtie sous le règne de Charles IV, qui voulait en faire une maison rurale. Mais à présent, rien n'indique cette destination, si ce n'est une petite chambre, rustiquement décorée, par laquelle on passe pour aller visiter les autres appartements.

Du reste, promenades, chasses bien exposées, théâtre, place de taureaux, cafés, — Aranjuez ne manque de rien pour être une ville de plaisirs. A quelques lieues, sur la route de Madrid, je me souviens d'avoir vu paître, au bas d'une montagne aride, des taureaux appartenant au célèbre Montès, le roi des courses. Ils sont gardés par un homme à cheval, la pique au poing, et par des frondeurs habiles. Ces animaux sauvages bondissent dans le rayon qui leur est assigné, et aussitôt qu'un d'entre eux fait la mauvaise tête, les gardiens leur donnent des coups de pique, ou leur lancent des pierres.

Il faisait si chaud, pendant mon séjour à Aranjuez, que je me contentais des promenades dans les jardins. Et le soir, rentré à l'hôtel, je jouais au billard, ou recommençais mes conversations avec la belle-mère de l'aubergiste. Une fois je voulus voir danser *las Manchegas;* j'avais été désillusionné, la veille, lorsque, m'étant mis à une fenêtre pour regarder les bords du Tage, j'avais espéré voir se réaliser ce qu'avait dit le voyageur Delangle, sous le consulat, en parlant d'Aranjuez. « Quand la cour n'y est point, et quand il fait chaud, les jeunes filles des environs viennent se baigner dans le Tage; on les voit, on leur parle, on peut les embrasser des murs du palais, et mouchoirs, et corsets, et jupons, tout est ôté, tout est laissé sur le bord de l'eau. » J'affirme qu'en cela il n'y avait de ma part qu'un grand désir de savoir si les mœurs étaient toujours aussi primitives. Il faisait chaud, la cour n'était pas à Aranjuez, et des jeunes filles se baignaient, — dans un bain couvert, aussi scrupuleusement que ceux de Ouarnier. O mystification!

Pour dédommagement, j'ai vu danser *las manchegas*, un des pas les plus vifs de toutes les danses espagnoles. Une espèce de *baile* (bal) tout à fait sans façon avait été improvisé par nous. Un jeune aveugle, joueur de guitare accompagné d'un chanteur émérite, s'assit et représenta l'orchestre. La Martina, servante de l'hôtel, renommée dans l'endroit pour être bonne danseuse, se mit en devoir de ne point faillir à sa réputation, surtout devant des étrangers. Le garçon d'écurie était son partenaire. Le chanteur, habile maître à danser, avait pris pour compagne une jeune fille des environs. Nous ne pouvions assister à un bal plus *populaire*. Le guitariste préluda, les danseurs commencèrent à faire résonner leurs castagnettes en bois de *granadillo* [1], et l'on se mit en mouvement.

J'aime de passion les danses espagnoles ; sans vouloir assister aux pas merveilleux d'une *Julia Formalaguez*[2], en Espagne, ou d'une Fanny Ellsler, en France, j'y trouve un charme inexprimable, lorsqu'elles sont exécutées par le peuple, et lorsqu'elles ne durent pas trop longtemps. Voluptueuses sans être lascives, gracieuses et un peu minaudières, les danses espagnoles sont délicieuses à voir ; on se laisse entraîner par elles. Quelques auteurs assurent que le *fandango* ayant un jour scandalisé la cour de Rome, le conclave s'assembla pour condamner cette danse trop voluptueuse, impure même. Impossible de condamner des coupables sans les entendre, — c'est-à-dire sans les voir, car il s'agit de danseurs. Le conclave ne voulut point porter atteinte aux saines règles de la justice : un couple espagnol fut introduit et dansa le *fandango*. Il paraît que les cardinaux se laissèrent aussitôt fléchir, et que le fandango fut absous.

[1] Arbre des Indes ; bois brun.

[2] Ancienne fameuse danseuse.

Ce conte, peu vraisemblable, montre par son invention, combien les danses espagnoles ont partout été goûtées, depuis un temps immémorial.

Ce qui me plaît encore dans les danses espagnoles, c'est qu'elles sont exécutées à la musique de *romances*, pour la plupart fort caractéristiques. Le chanteur-danseur disait en sautant des couplets espagnols dans le genre de celui-ci :

Toma, niña, esa naranja,
Que la cogí de mi huerto :
No la partas con cuchillo,
Que esta mi corazon dentro.

Prends, enfant, cette orange,
Que j'ai cueillie en mon enclos :
Ne la partage pas avec ton couteau,
Parce que mon cœur est dedans.

Quelquefois les danseurs chantent un véritable petit poëme, et je citerai encore cette romance [1]:

Grandes guerras se publican
Entre España y Portugal;
Y al conde del Sol le nombran
Por capitan general.

La condesa, como es niña,
Todo se la va en llorar.

« Dime, conde, cuantos anos
Tienes de echar por allà.»
— « Si à los seis anos no vuelvo,
Os podreis, niña, casar,

[1] Extraite du magnifique ouvrage de M. de Villa-Amil, l'*Espagne artistique et monumentale*.

Pasan los seis y los ocho,
Y los diez se pasaran,
Y llorando la condesa
Pasa asi su soledad.

Estando en su estancia un dia,
La fuè el padre à visitar.
« ¿Què tienes, hija del alma,
Que ne cesas de llorar? »

« ¡ Padre, padre de mi vida,
Por la del santo grial [1],
Que me deis vuestra licencia
Para el conde ir à buscar. »
— « Mi licencia teneis, hija;
Cumplid vuestra voluntad. »

Y la condesa, a otro dia,
Triste fuè a peregrinar.
Anduvo Francia y la Italia,
Tierras, tierras sin cesar.

Ya en todo desesperada
Tornabase para aca,
Cuando gran vacada un dia
Halló en un ancho pinar.

« Vaquerito, vaquerito,
Por la santa Trinidad,
Que me niegues la mentira,
Y me digas la verdad :
¿ De quien es este ganado
Con tanto hierro señal?

« Es del conde del Sol, señora,
Que hoy esta para casar.

— « Buen vaquero, buen vaquero,
¡ Asi tu hato veas medrar!
Que tomes mis ricas sedas
Y me vistas tu sayal.

[1] La patène, l'hostie.

Y agarrandóme la mano,
A su puerta me pondras
A pedirle una limosna
Por dios, si la quiere dar. »

Al llegar à los umbrales,
Veis al conde que allí esta,
Cercado de caballeros,
Que à la boda asistiran.

« Dadme, conde, una limosna. »
El conde pasmado
« ¿ — De què pais sois, señora? »
« — Soy de España natural. »

« — ¿ Sois aparicion, romera,
Que venisme à conturbar? »
« — No soy aparicion, conde,
Que soy tu esposa leal. »

Cabalga, cabalga el conde,
La condesa en grupas va,
Y a su castillo volvieron
Salvos, salvos y en solaz.

De grandes guerres se déclarent
Entre Espagne et Portugal ;
Et c'est le comte del Sol qu'on nomme
Capitaine-général.

La comtesse, encore enfant,
Ne fait rien que pleurer.
— Dis-moi, comte, combien d'années
Tu dois rester par là-bas, »
— Si dans six ans ne reviens,
Vous pourrez, enfant, vous marier.

Six ans se passent et huit même.
Et dix ans se passeront,
Et en pleurant, la comtesse
Passe ainsi sa solitude.

Etant un jour dans sa chambre,
Son père fut la visiter.
« Qu'as-tu, fille de mon âme,
Pour ne cesser de pleurer? »

« Père, père de ma vie!
Au nom de l'hostie sainte,
Donnez-moi votre permission
Pour aller chercher le comte. »
— « Tu as ma permission, ma fille,
Accomplis ta volonté. »

Et la comtesse, au jour suivant,
Triste se mit en pèlerinage.
Elle parcourut la France et l'Italie,
Des pays, des pays sans s'arrêter.

Déjà toute désespérée,
Elle s'en retournait par ici,
Quand un grand troupeau de vaches,
Elle rencontra dans une vaste forêt de pins.

« Petit vacher, petit vacher,
Par la sainte Trinité,
Refuse moi le mensonge,
Et dis-moi la vérité :
A qui appartient ce troupeau
Marqué de tant de signes? »

Señora, c'est au comte Del Sol,
Qui se marie aujourd'hui.

« Bon vacher, bon vacher,
Puisses-tu voir croître ton troupeau!
Prends mes riches sôieries.
Et me revets de ta bure.
Et en me prenant par la main,
A sa porte tu me placeras
Pour lui demander une aumône
Au nom de Dieu, s'il veut la donner. »

A votre arrivée sur le seuil,
Vous voyez le comte qui est là,

Entouré de cavaliers,
Qui assisteront à la noce

« Donnez-moi, comte, une aumône. »
Le comte s'est pâmé d'admiration :
« — De quel pays êtes-vous, *señora?*,
« — Je suis naturelle d'Espagne.

« — Vous êtes une apparition, pélerine,
Pourquoi venez-vous me troubler?
—«Je ne suis point une apparition, comte,
Je suis ta loyale épouse. »

Il chevauche, il chevauche le comte,
La comtesse va en croupe,
Et à leur castel ils retournèrent
Sains et saufs, et avec joie.

Tels sont la plupart des airs de danse qu'on entend en Espagne. Vieux romances, avec une action développée et primitive, ils intéressent l'auditeur. Le malheur est que les bardes en plein air qui les disent, ont la détestable habitude de nasiller horriblement. A moins de connaître parfaitement la langue espagnole, il est difficile de les bien comprendre. Notre chanteur-danseur possédait ce défaut au suprême degré; sa voix était grinçante, revêche, stridente, comme les sons que le petit aveugle tirait de sa guitare.

Le bal, si bal il y avait, dura plus d'une heure. Martina et son amie en firent les frais et reçurent les applaudissements des spectateurs, dont le nombre s'était accru peu à peu, des soldats, des voisines, des enfants du quartier étant venus voir le divertissement.

Revenons à Aranjuez proprement dit.

Aranjuez est la première ville importante qu'on

rencontre sur la route de l'Andalousie : deux lieues plus loin est *Ocaña.*

Deux fontaines fournissent à Ocaña des eaux exquises. L'une d'elles, que l'on croit être une construction romaine, a un aspect magnifique. Elle est de pierres d'assises, avec dix-neuf arches. Il s'y trouve un conduit souterrain, avec des sources si abondantes, qu'elles suffisent pour les besoins de la ville, et pour alimenter un immense abreuvoir, et des bassins de pierre, où deux cent cinquante femmes pourraient toutes en même temps laver du linge. Ces eaux, encore, arrosent alternativement des jardins potagers qui sont fort nombreux à Ocaña. La ville, du reste, semble assez peu remarquable, son industrie seule la rend importante.

Il faut ici parler de la manière dont nous avons voyagé pour nous rendre à Grenade. Voulant voir Aranjuez dans ses détails, nous avions eu la précaution d'arrêter nos places à Madrid. La diligence nous prit, en passant à l'*hôtel de la Costurera,* et nous déjeunâmes à Ocaña.

Nous ne voyageons pas par les *diligences générales,* comme lorsque nous sommes venus de Bayonne à Madrid ; nous avons essayé de la compagnie rivale *Carsi-Ferrer,* et voici quelles ont été nos conventions, conventions qui sont les mêmes pour tous les voyageurs. Les trois places de *la berlina* (le coupé), nous appartiennent à raison de 368 réaux la place ; l'administration s'engage à nous nourrir et à nous coucher. Donc le voyage est peu cher : pour quatre-vingt douze francs on arpente dans le coupé, et exempt de tous autres frais, soixante et onze lieues (espagnoles!)

Le premier repas fourni par la compagnie, fut servi à Ocaña; il fut somptueux, mais peu de notre goût. On nous offrit du *gaspacho*, mets fort connu en été dans le midi de l'Espagne, et qui nous avait été recommandé, à Bayonne je crois, par monsieur Walsch de Séville. Le *gaspacho* est une de ces nourritures trop rafraîchissantes auxquelles il faut s'habituer, chose difficile pour nous autres Français qui, en général, n'aimons guère à voir accommoder dans un même saladier, de l'eau, du vinaigre, de l'huile, du pain, etc., etc. Un de nos compagnons de voyage, espagnol, s'en faisait un régal; matin et soir, jamais il n'eût manqué d'engloutir deux ou trois assiétées de *gaspacho*.

Sur la route de Grenade, au relai qui suit Ocaña, on aperçoit *la Guardia*, village perché sur une montagne. On peut dire que les maisons en sont « bâties de boue et de crachat. » Toute la *poblacion* a l'air misérable. Çà et là, les montagnes sont percées d'une foule de portes. Ce sont des habitations. Jamais, jusqu'alors, nous n'avions rencontré sur notre passage quelque chose d'une aussi triste apparence. Et cependant, toutes les campagnes environnantes sont fertiles et bien cultivées.

Temblèque et *Madrilejos* n'offrent rien de bien particulier, sinon qu'elles sont toutes deux insalubres, la première à cause des vapeurs qu'exhalent les grandes lagunes de *la Vega y Villaverde;* la seconde, à cause des eaux stagnantes qu'on y trouve. Valdepeñas est à bon droit renommée pour ses vins. *Santa-Cruz de Mudela* a presque toutes ses fenêtres grillées et ornées de petites croix. L'industrie des femmes est très-considérable à Santa-Cruz. Elles y fabriquent des jarretières (*ligas*), et des gros draps.

Les jarretières qu'on fait à *Santa-Cruz* sont vraiment originales. Ce sont de simples rubans en soie lamée d'argent, et sur lesquels on met des devises en vers. J'en achetai deux paires. Sur l'une il y avait :

Una muger suspiraba,
Porque su amante la dejaba.

Une femme soupirait,
Parce que son amant la délaissait.

Sur l'autre, il y avait :

Toda liga sabe atar
Mas pocas saben hablar.

Toute jarretière sait lier,
Mais peu savent parler.

Les voyageurs s'arrêtent à Santa-Cruz avant de traverser la *Sierra-Morena*. Je n'ai point encore dit quel est l'état de défense de la diligence au moment de passer les montagnes. Deux *escopeteros* sont en vedette sur le sommet. Deux ou trois escopettes sont accrochées à la tringle de fer qui sert à fermer la bâche. Pourquoi donc ces apprêts sinistres? Mais ce n'est rien encore. Au moment où nous entrons dans la *posada* pour déjeuner, cinq ou six lanciers espagnols se dirigent vers les montagnes. Qu'est-ce que cela signifie? Au milieu des conversations de tous les gens de l'auberge, je saisis le mot *tué*. J'écoute. Il paraît que, la veille, dans la Sierra-Moréna, un petit combat a eu lieu entre des lanciers et des voleurs. Un homme a été tué. Impossible de savoir au juste si c'est un voleur qui a tué un lancier, ou un lancier qui a tué un voleur, et cependant cela m'intéresse. Cette conversation, dont j'ai entendu quelques bribes en passant, m'ôte un peu l'appétit, je l'avoue. Mon esprit se porte aux idées noires, — et tout à coup, je crois avoir devant les yeux une de ces odieuses lithographies qui représentent *les brigands de la Sierra-Morena*. Près de monter en voiture, il me semble que les habitants de Valdepeñas nous regardent avec intérêt et commisération. A la bonne heure! voilà un épisode!

Mais cette première émotion se calme. Je suis encore assez brave, Dieu merci, pour n'avoir peur qu'au moment même où le danger se présente. Et puis, voir la Sierra-Morena, cela l'emporte sur toutes les craintes! Je grimpe sur l'impériale, avec un fort aimable capitaine espagnol, qui paraît de taille à se pouvoir défendre. Nous fumons la cigarette; nous entamons la conversation, et fouette cocher! En route pour la Sierra-Morena!

Les cinq ou six lanciers, que nous avons vus partir tout à l'heure, nous servent d'escorte. Ils remplissent devant nous le rôle d'éclaireurs. En faut-il plus pour nous tranquilliser? Arrivés à l'endroit le plus dangereux, nous apercevons sur le sommet de la montagne la plus élevée, une petite tente sous laquelle un cavalier s'est placé en vedette. A peine il nous a vus, qu'un détachement côtoie la route. De distance en distance, un fantassin apparaît soudainement, comme s'il sortait tout armé du fond des ravins. En vérité, la police est trop bien faite, les précautions sont trop bien prises pour que nous ayons la moindre inquiétude. Livrons-nous donc de toute notre âme à l'admiration d'un des plus sublimes spectacles que puisse offrir la nature.

Avant d'entrer dans la Sierra, le voyageur jette un coup d'œil émerveillé sur les montagnes, sorte de mur à crénelures gigantesques, dont il croit pouvoir en un instant sonder toute la profondeur. Il avance : plusieurs plans inégaux captivent son regard. Chaque montagne a des tons différents. L'une, rapide et boisée, ressemble à une masse d'arbres étagés ; l'autre, d'une désolante aridité, est colorée et comme rôtie par le soleil. Celle-ci est composée de rochers que l'on serait tenté de prendre, de loin, pour d'immenses pierres druidiques. Ici, c'est une simple colline où le paysan a trouvé quelques veines de terre bonne à ensemencer. Là, c'est un mont à pic, couronné de pins vigoureux. Tout est beau, tout est varié, tout est grand. Une route bien faite sillonne la Sierra et se prête à ses sinuosités, comme un ruban qui suit les plis d'une robe. Si la diligence chemine dans un ravin, on croit être sur la mer en un jour de tempête : le ciel en haut, et les montagnes qui nous serrent étroitement et ressemblent à des vagues de terre, pour ainsi dire. Quand la diligence atteint le sommet d'une côte, l'œil embrasse un panorama sans limites. Ne sont-ce pas de simples monticules que l'on aperçoit là-bas? Comment se rendre compte de leur hauteur? On les domine tous: ils sont égaux, à deux cents pieds près. Cependant, en descendant, les mules vont d'un pas rapide. En quelques minutes nous sommes au bas de cette montagne qui nous paraissait de hauteur ordinaire. C'était une illusion. Dix mules attelées à la voiture ne suffisent plus, tant la route est pénible. Quatre bœufs leur viennent en aide, et encore l'attelage va au pas.

Sur notre passage nous rencontrons quelques *arrieros* (muletiers) en troupe; quelques voyageurs armés jusqu'aux dents; quelques enfants qui parcourent les environs.

La vue ne se rassasie point. Une colonne nous indique les limites de la province de la Manche. Nous entrons en Andalousie. L'admiration augmente devant la *garganta* (gorge) de *Despeñaperros*. Le soleil argente ou dore les blocs de minéral brut qui s'élèvent le long d'une chaussée merveilleusement taillée à pic. Peu à peu les habitations commencent. Voici *Santa-Elena*, village dont l'aspect réjouit. *Santa-Elena* est situé sur une éminence, et domine presque toutes les montagnes environnantes.

Non, ce n'est point un effet de mon imagination, mais à peine j'ai mis le pied en Andalousie, qu'il me semble voir une Espagne nouvelle! Deux paysans andaloux que j'ai vus, avant d'arriver à Santa-Elena, m'ont paru plus aimables et plus gais que ceux de la Manche, d'une heureuse physionomie et vêtus d'un gracieux costume. Les grenadiers sont en fleurs; des haies d'aloës bordent les champs; les pâles oliviers forment de vastes forêts. La *Sierra-Morena* est une barrière. D'un côté, l'aride et sèche province de la Manche; de l'autre, la douce et belle Andalousie.

Et pour comble de surprise, je me trouve à présent au milieu de gens actifs et industrieux. Le pays que je traverse se nomme les *Colonies de la Sierra-Morena*. Des populations sont venues s'y établir, et cultivent avec persévérance un sol que le travail a su rendre fertile. La capitale des colonies s'appelle *la Carolina*; elle fut fondée par Olavide, sous Charles III. C'est un village de deux mille habitants, gai, charmant, entouré de bosquets d'oliviers; un village dont toutes les rues sont droites et spacieuses, dont les maisons sont symétriques et badigeonnées. La *plaza* principale est entourée d'une galerie d'arcades à deux étages, d'une architecture simple, mais régulière. Un *prado* garni d'arbres, et fort grand, est situé à l'entrée du village.

De *la Carolina* à *Baylen*, il y a plus de quatre lieues de route défoncée, à travers des forêts d'oliviers à perte de vue. Ces lieux sont deux fois célèbres dans l'histoire d'Espagne: — par la fameuse bataille *de las Navas de Tolosa*, où les Sarrasins furent complétement battus et forcés de battre en retraite par les représentants de la chrétienté; et par la journée du 16 juillet 1808, où les divisions espagnoles, commandées par les généraux Reding et Campigni, forcèrent le général Dupont à capituler avec vingt mille hommes, et à se soumettre aux conditions que lui imposa le général Castaños, qui porte aujourd'hui le titre de duc de Baylen.

Après Baylen, on passe le Guadalquivir sur un bac; on trouve *Jaen* sur la route. A Jaen restent quelques débris de murailles élevées par les Maures. La forme des maisons est orientale. La cathédrale, qui date du dix-septième siècle, a deux clochers élevés finissant en forme de dômes : c'est une architecture sévère, où fourmillent les colonnes corinthiennes. L'aspect général de cette cathédrale est imposant; à l'intérieur, on remarque le dallage de beau marbre blanc et noir. Le chœur est vaste et orné de boiseries parfaitement travaillées; l'orgue a de la puissance : trois ou quatre chapelles sont magnifiques; dans l'une d'elles, notamment, j'ai vu un tableau de maître-autel représentant saint Michel terrassant le diable. On peut dire que ce tableau est curieux : il est ovale, placé au milieu d'un mur tout doré, entouré d'un cadre de petites glaces qui se tiennent entre elles. Partout il y a des murs dorés de la même façon, avec des tableaux moins remarquables, qui semblent incrustés. Le tabernacle du maître-autel est soutenu par sept ou huit petits anges du travail le plus gracieux.

Le symbole mauresque s'aperçoit partout dans cette cathédrale. A une des portes latérales, j'ai vu une statue de pierre représentant un Maure. Étrange alliage ! Une figure païenne à l'entrée d'un temple du Seigneur !

C'est que nous sommes en pleine Andalousie. Les rêveries d'Allah commencent à se mêler aux évangéliques paroles du Christ. Il faut bien nous y accoutumer. Aux environs de Jaen, on rencontre déjà les palmiers et les orangers. L'Espagne poétique, l'Espagne que Châteaubriand a chantée, approche. Grenade est là, à quelques lieues. Nous rappelons-nous seulement la Castille et ses plaines arides, la Manche et ses campagnes désertes ? Dans les lieux que nous parcourons, les montagnes ont bien encore quelque chose de sauvage, mais les vallées y sont fertiles, gaies, animées et d'une végétation vigoureuse. Au mois d'août, car c'est au mois d'août que nous les traversons, l'herbe y est encore verte comme aux premiers jours de printemps. Au passage de la rivière du *Quadalaviar*, je crois, comme il n'y avait point de pont et que la route avait été détournée à cause de travaux urgents, la diligence « prit un bain de pieds ; » ses roues se lavèrent. Mais il faisait si chaud, mais la poussière était si grande, qu'un quart d'heure après il n'y paraissait plus.

Nous jetons, à la dérobée, un coup d'œil sur la fameuse tour carrée de *Mengibar*, ouvrage des Goths ; — à Torre-Campo, où finit la province de Jaen ; — à *Alcaudete*, où se voient quelques antiquités romaines ; — à *Alcala-la-Réal* enfin, ville populeuse. Puis nous apercevons Grenade. Toutefois, avant de visiter Grenade, je veux faire assister le lecteur à une messe dans la cathédrale de Cordoue. Cordoue est sur la droite de la route, et vaut la peine qu'on s'y rende exprès.

Lorsqu'Abdérame II touchait à l'apogée de sa puissance, pour en laisser quelques traces, pour faire preuve de sa foi en l'islamisme, pour satisfaire peut-être son orgueil, il fit bâtir à Cordoue un temple capable de rivaliser avec celui de la Mecque. C'était une œuvre de bon croyant, car il voulait que l'Occident aussi eût son lieu de pèlerinage, et que Cordoue devînt un point de ralliement pour tous les fidèles à la loi de Mahomet. On était alors à la fin du huitième siècle; les Arabes dominaient toute l'Espagne, qui, sous le rapport religieux, tenait moins à l'Europe qu'à l'Afrique. Quinze années suffirent pour exécuter le projet du grand Abdérame, et, en 808, les habitants de Cordoue encombrèrent les portes de la nouvelle mosquée. Le prophète dut être content, car ce monument pouvait passer pour un des plus magnifiques qui eût été élevé en son honneur. Mais, il y a un proverbe arabe qui dit :

« Le temps sera le maître de celui qui n'a pas de maître. »

Le temps a vaincu la religion de Mahomet, et cette mosquée dont la superficie, suivant un écrivain espagnol, tenait 272,800 pieds carrés; cette mosquée soutenue par plus de deux mille colonnes de marbre ou de jaspe, et dont le plafond de mélèze était selon l'avis de tous incorruptible, — est maintenant une cathédrale, un temple chrétien. Impossible de voir Cordoue, sans que les souvenirs se pressent en foule dans la mémoire, sans éprouver le besoin de méditer sur ces événements providentiels, qui font qu'à certaines époques, les peuples libres deviennent esclaves, et les monuments gigantesques de misérables ruines.

La cathédrale de Cordoue est un livre. C'est toute l'histoire religieuse de l'Espagne, depuis les temps les plus reculés. Aujourd'hui, elle comporte encore vingt-neuf nefs dans sa longueur et dix-neuf dans sa largeur. Elle a un transsept et un chœur bâtis pendant le seizième siècle; des chapelles latérales, un dôme mauresque. Mais, de nombreux replâtrages ont gâté le style ancien, de sorte que le monument est moitié chrétien, moitié arabe, et que malgré la beauté merveilleuse de ses détails, on sent combien Charles-Quint avait raison de dire, quelques années après avoir accordé au chapitre la permission de détruire ce fameux plafond de mélèze dont j'ai parlé: « Je ne savais pas ce qu'il en était; sans cela je n'aurais pas permis qu'on touchât à l'œuvre ancienne; car vous faites ce qui peut exister autre part, et vous avez défait ce qui était unique dans le monde [1]. »

En entrant, il semble qu'on va se promener dans un des palais féeriques des *Mille et une Nuits*, tout rayonnants de lumière, de jaspe et d'or. La pensée chrétienne ne s'échappe point de cette enceinte

1 « Yo no sabia lo que era esto, pues no hubiera permitido que se llegase à la antigua; porque haceis lo que puede hacerse en otras partes y habeis desecho lo que era singular en el mundo. »

comme de nos immenses voûtes gothiques; l'air qui passe au travers des zig-zags qui soutiennent toutes ces basses colonnes, est prisonnier, et voudrait plus d'espace. S'il y a peu de monde dans l'église, chaque fidèle en traversant cet *olivar* (plan d'oliviers) de marbre, apparaît comme un génie oriental ou comme une âme en peine. Toujours, partout, jusqu'aux pieds du sanctuaire, les choses qu'on voit là prêtent à une double interprétation, et n'étaient le symbole de la croix, les statues ou les reliques de quelques saints, n'était l'unité qui préside aux cérémonies du culte catholique, — on ne pourrait dire encore si ce temple est consacré au vrai Dieu, ou élevé à Mahomet. Cependant, en se rappelant seulement sous quelle invocation est cette église, dédiée à saint Cycle et à sainte Victoria, frère et sœur, martyrisés à Cordoue même, on rend aussitôt sa destination actuelle à cette mosquée devenue cathédrale par un baptême de sang.

Au moment où je visitai cette église, un vieux prêtre célébrait la messe, et c'est surtout de cette circonstance que je veux parler, autant pour décrire les habitudes des fidèles, que pour trouver matière à quelques réflexions sur le catholicisme en Espagne.

C'était jour de semaine, un jeudi. Le ciel était gai, comme l'est habituellement le doux ciel de l'Andalousie. Aucun nuage, même le plus léger, ne cachait les rayons de ce soleil blanc d'argent qui échauffe les bords du Guadalquivir. Dix heures avaient sonné à toutes les horloges plaintives de Cordoue. L'intérieur de la cathédrale offrait alors un merveilleux aspect.

Le soleil ruisselait sur les dalles de l'église, à travers la foule des dômes, et la remplissait à la fois d'ombre et de lumière, en éclairant tous les sujets de bois sculpté qui garnissent le chœur, et qui sont l'Ancien Testament mis en action. Les nefs avaient une teinte mystérieuse, et la cathédrale, en cet instant, présentait un ensemble éminemment majestueux. Il y avait peu d'assistants à la messe, et tous se tenaient fort éloignés les uns des autres. Quelques-uns restaient à l'entrée de l'église. Il régnait un silence profond, et dans une chapelle de côté, plusieurs paysans récitaient à voix basse le chapelet. Ce bourdonnement servait comme d'accompagnement aux paroles que prononçait l'officiant. Tout prêtait au recueillement, la solennité de la messe, la couleur des objets extérieurs, et aussi la solitude qu'on rencontrait parmi ces myriades de colonnes qui isolent les fidèles. Ce recueillement, il faut le dire, je ne l'y ai point trouvé. Étonné, je me suis mis à examiner chaque personne en particulier, pour chercher la cause d'un fait aussi déplorable. Voici ce que j'ai vu.

L'église n'a point de chaises. Quelques tapis ronds, en jonc ou en paille, sont jetés çà et là sur les dalles : à peine aperçoit-on une dizaine de bancs en bois pour les personnes infirmes. Il semble, au premier abord, que ce soit là un motif de plus pour pousser les fidèles à une ferveur profonde, à la prière la plus humiliée ; mais il n'en est rien, absolument rien. Hommes et femmes s'agenouillent ou s'assoient à l'orientale sur ces paillassons. La plupart des *señoras* sont décolletées, comme si elles se promenaient au *prado*. Ainsi vêtues, aux instants indiqués de la messe, elles s'assoient, et les voici tenant de la main gauche leur livre de prières, et de la droite leur indispensable *abanico* (éventail). Pour peu qu'elles aient quelques distractions, qu'une *manola* (grisette), en passant, frôle leur mantille, que le *niño* (enfant) debout à côté d'elle, parle haut et « demande à s'en aller, » ou qu'un *villano* (paysan) laisse tomber bruyamment son bâton-monstre, le peu de recueillement qu'elles s'efforçaient d'obtenir à l'introït, a disparu avant l'élévation. Quant aux hommes, à l'heure qu'il est, en Espagne, ils fréquentent peu les églises : les fidèles catholiques osent à peine s'y montrer, les tièdes ont pris depuis longtemps l'habitude de passer outre. A part quelques vieillards récitant le chapelet, et quelques *caballeros* (cavaliers) qui n'ont pas abandonné la religion de leurs pères, vous rencontrez dans les églises des personnages causant, crachant, toussant, faisant la promenade, et regardant les femmes. Ils sont entrés par le portail, et sortent par le portail, après avoir fait juste le tour de l'église. Reste une dernière distraction qui heureusement, n'est point à craindre chez nous. Les chiens entrent dans les églises, aussi bien à Cordoue qu'à Madrid, où j'ai vu dans la chapelle du palais d'Isabel II un épagneul se rouler, jouer, et grogner, au milieu de la *nave* (nef), pendant la célébration de la messe. Aucun sacristain ne s'est présenté pour le mettre à la porte, et chacun tournait de temps à autre les regards sur l'animal joyeux. On m'a dit que certaines gens venaient à la messe avec leur enfant et sa nourrice, et avec leur chien.

Si j'ajoute encore à ces remarques la manière dont le prêtre disait la messe dans la cathédrale de Cordoue, le lecteur ne s'étonnera pas que j'aie été un peu scandalisé. Ce prêtre lisait et parlait excessivement vite, et se retournait à peine pour prononcer les *dominus vobiscum*, auxquels répondait avec un laisser-aller impardonnable l'enfant de chœur de service. La démarche des officiers de l'église était extrêmement cavalière, et un d'entre eux portait la moustache. Les sacristains s'entretenaient presque à haute voix des soins qu'ils avaient à prendre pour les offices. En un mot, il y avait désordre dans l'ensemble des gens qui se trouvaient là, assistants et officiants. Désordre, c'est, hélas! aujourd'hui le mot de toute l'Espagne. A la sortie, l'orgue se fit entendre : c'étaient des airs peu religieux, des réminiscences des airs d'opéras français ou italiens, car les organistes espagnols ne sont guère mêlés au monde, et ne peuvent entendre qu'à la dérobée ces airs dramatiques.

Ainsi, la majesté de l'édifice, son mystère, son calme religieux, tout cela était inutile, tout perdait son prestige, tant l'attitude des fidèles était peu en harmonie avec ces choses profondément belles. Pourquoi donc ce vaste temple aux dix-sept portes d'entrée, couvertes de sculptures de bronze? Pourquoi ces tableaux, qui tous rappellent quelques passages de l'Écriture ou quelques martyres [1]? Pourquoi la poésie de cette enceinte, où tous les points de vue offrent un spectacle qui va à l'âme? Pourquoi un esclave chrétien a-t-il gravé avec ses ongles une croix, sur cette colonne à laquelle les Maures l'avaient enchaîné [2]?

Pour être juste, je dois dire que, si le recueillement était nul en général, quelques fidèles paraissaient au contraire plongés dans une profonde piété. Je citerai un homme entre deux âges, vêtu à l'Andalouse, et portant le manteau brun, un *ciudadano* (bourgeois) qui, la face tournée contre terre, resta à deux genoux tant que dura la messe. Ses yeux ne cessaient de regarder l'autel; son front élevé n'avait point encore de rides. Il ne tenait pas de livre à la main, et pourtant il suivait scrupuleusement les différents points de l'office. Ses lèvres ne faisaient aucun mouvement, ses prières étaient toutes mentales. La messe dite, il resta un long temps dans la même attitude, comme s'il ne s'apercevait pas du bruit qu'on faisait autour de lui. Et, au bout d'un quart-d'heure environ, il se leva, salua profondément le sanctuaire, et sortit avec une sorte de précipitation. Cet homme m'ayant intéressé, je questionnai le sacristain qui me

1 Un de ces tableaux, assez grand et fort remarquable, représente les martyres de saint Cycle et de sainte Victoria, patrons de la Cathédrale de Cordoue. On l'a placé dans une chapelle de l'église.

2 La tradition rapporte ce fait qui tient du miracle, et dont on ne manque pas d'instruire le voyageur qui visite la cathédrale.

servait de *cicerone*. Il me répondit que ce bourgeois était un ancien soldat, fameux pendant la guerre de l'Indépendance, et qui, disait-on, faisait pénitence pour avoir poignardé, dans un accès de jalousie non fondée, un officier de l'armée du maréchal Soult. Depuis trente ans, jeûnes, aumônes, prières, solitude complète, rien n'avait pu calmer son âme. Il avait passé de longues années dans le couvent des *Recolletos*, à Madrid, après la mort de sa femme; et il était rentré à Cordoue, sa patrie, après la suppression entière des couvents. Les habitudes mauresques mêlées au culte catholique m'avaient impressionné plus que je ne pourrais le dire, mais peut-être moins encore que la douleur de ce *ciudadano*. Et, pendant mon voyage, à Madrid surtout, les ruines de couvents ou d'antiques abbayes me furent odieuses. Cette extinction générale et irraisonnable des lieux de retraite me sembla une erreur malheureuse du gouvernement espagnol actuel, qui pouvait ôter aux ordres séculiers leur puissance politique sans les proscrire. Je n'ai vu de moine en Espagne que l'ancien soldat dont je viens de parler.

J'ai dit plus haut, en commençant ce paragraphe, que la cathédrale de Cordoue était l'histoire religieuse de l'Espagne. Cette messe qu'on y a célébrée en ma présence m'a confirmé dans mes premières observations. En Espagne, et particulièrement en Andalousie, l'idée catholique a presque toujours été mariée à l'idée arabe. Les églises sont surchargées de légers ornements orientaux, les maîtres-autels sont pleins d'images dorées et confusément placées ; les murs sont tapissés de fleurs peintes, et quelquefois, à Cordoue par exemple, des inscriptions chrétiennes se trouvent côte à côte avec des inscriptions arabes. C'est ce qui donne aux églises de l'Andalousie un aspect vraiment extraordinaire, et qu'on ne rencontre nulle part. Puis, ces croyants accroupis sur des paillassons, ces femmes qui jouent de l'éventail, cette population, en un mot, dont la langue se ressent de plusieurs lettres arabes qu'elle a conservées, tout cela vous donne comme un avant-goût des choses qui vous frapperont s'il vous arrive un jour d'errer sur les bords du Jourdain; tout cela vous explique ce laisser-aller des fidèles les plus observateurs de leur foi, laisser-aller qui s'augmente en proportion de la plus ou moins grande tiédeur des gens qui vont à l'église.

Comment en serait-il autrement à Cordoue? Jugez-en par ce fait. Lorsque je visite quelque monument, quelque ville même, j'ai toujours bien soin de me renseigner sur les particularités qui s'y rattachent, et de demander à mon guide si l'on ne connaît pas à leur égard une ou deux traditions, anecdotes ou légendes. Je m'adressai donc au sacristain, étonné de voir une cellule où tout était mauresque, architecture et détails d'ornements, et je lui demandai pourquoi on avait conservé ce vestige de la domination des Arabes en Espagne. C'est, me dit-il, que les Maures paient un tribut annuel au gouvernement espagnol, pour qu'on laisse subsister cette cellule, où ils mettaient autrefois un des originaux de l'Alcoran,

Challamel del. Imp. Grégoire & Deneux

dans l'état où elle se trouvait au moment de leur départ, et surtout pour qu'on n'y dise pas la messe. *Ce tribut annuel payé par les Maures* me parut fort divertissant. Seulement, j'examinai à fond la cellule. Elle a la forme de l'arc turc, avec des dessins, des ornements tout mahométans, et des inscriptions arabes en mosaïque. Il est certain que les choses sont restées, ou à peu près, dans l'état où les Maures les avaient laissées, et l'on n'y voit de constructions chrétiennes qu'un autel et un tombeau, pour attester sans doute la purification qui a été faite de la mosquée de Cordoue par le grand saint Ferdinand, en l'année 1236. Il y a eu donc comme une amiable composition entre les monuments du mahométisme et ceux du catholicisme, et comme l'Espagne est le pays du culte extérieur, du culte sensible aux yeux, étonnez-vous que tant de coutumes arabes aient continué à pousser leurs racines au milieu de la discipline catholique!

Grenade. — Séville.

O vous! poëtes qui rêvez l'azur du ciel, et l'éternel printemps de l'Andalousie; vous dont l'imagination parcourt sans cesse les bosquets d'oliviers, les plants de palmiers; vous qui vous enivrez des rafraîchissantes émanations de l'orange, de la grenade et de l'aloës, c'est ici que vous verrez se réaliser votre rêve.

Grenade! après tout ce qu'on a dit de toi, après les descriptions si vraies de Chateaubriand, après les inspirations si poétiques de Victor Hugo, ce que je puis écrire, moi obscur voyageur, ne sera qu'une redite, une voix de plus dans le chœur, un hommage de plus parmi tant d'autres.

Mais raconter un voyage, c'est le refaire; et avec quelle joie ne retournerais-je pas à Grenade!

A notre arrivée dans l'ancienne ville des Maures, la chaleur y était extrême: il régnait une *colérine* très-maligne, déterminée surtout par les eaux insalubres du pays. Heureusement nous étions prévenus dès Madrid, nous savions qu'il ne fallait pas boire d'autre eau que celle dite de l'*Avellano*, ou de la fontaine de l'Alhambra. A peine descendus de voiture, — il était environ sept heures du soir, — nous nous dirigeâmes vers la *fonda del Comercio*, un des meilleurs hôtels de la ville.

Notre entrée dans la fonda fut des plus comiques.

Outre que nous étions confondus de poussière, nos figures étaient flétries, nos membres courbaturés par la fatigue. Je ne sais pourquoi tous les Grenadins, en nous voyant passer, disaient: *señores ingleses!* (des messieurs anglais!) Je crois pourtant que leur erreur venait de ce qu'ils voyaient une dame avec nous, une dame à voile bleu; et de ce qu'ils ne pouvaient se faire à l'idée de rencontrer une Française dans Grenade. Certes, de pareilles rencontres n'y ont pas lieu tous les jours. Mais, vraiment, c'est chose désolante de passer pour anglais, quand on n'a pas toutes ses poches lestées de pièces d'or. Huit ou dix *braceros* (portefaix) avaient bien vite fait le siége de nos bagages.

Autant d'objets, autant d'hommes, — qui une malle, qui un paquet, qui un carton à chapeau, etc. Nous étions servis en détail, et par conséquent dévalisés, comme dit François I à dame Bérarde. Il fallut se fâcher tout rouge, pour les forcer à lâcher prise. Pour ma part, je voulais bien encore passer pour un Anglais, mais non payer comme un Anglais. Ne valait-il pas mieux se contenter de trois porteurs, aux risques de leur faire gagner fort loyalement leur argent?

Par goût, j'aime peu la colérine, ou même les coliques simples. « Monsieur, dis-je en entrant au maître de la *fonda del comercio*, de quelle eau boit-on ici?

— De la bonne, répondit-il, en me regardant fixement.

— Nous voulons de l'eau de l'*Avellano*.

— Nos voyageurs n'en boivent jamais d'autres. »

Sur ce, pendant que mes compagnons veillaient au placement de nos effets, je suivis l'hôtelier, jusque dans sa cuisine. Et là, retirant le couvercle d'une grande jarre de terre rouge pleine d'eau, il m'assura que, chaque jour, un domestique de la maison allait à la provision à la fontaine de l'Alhambra, et il ajouta que madame Viardot-Garcia s'était fort repentie d'avoir quitté son hôtel pour aller demeurer dans une maison particulière où l'on buvait de l'eau malsaine. C'étaient assez d'arguments pour me convaincre. Nous jetâmes l'ancre à la *fonda del Comercio*.

On nous demanda nos passeports peu d'instants après notre installation dans l'hôtel, et pendant que nous rajustions notre petite toilette de voyage, —

quelqu'un frappa à la porte de notre appartement.

« Holà! qu'est-ce?

— A quelle heure voulez-vous dîner?

— Tout de suite, répondîmes-nous en trio à l'unisson. Nous mourions de faim.

— Le dîner a lieu à huit heures. Pas avant.

— C'est bien. Ce n'était pas la peine de nous demander notre heure! nous suivrons l'usage. »

Cinq minutes après, on frappa de nouveau.

« Encore! ah çà! mais c'est insupportable! Qui est-là?

— C'est moi, messieurs et dames, fit une voix qui ressemblait assez au son de la musette. Je suis un Français.

— Bah! et que voulez-vous?

— Si vous avez besoin d'un guide pour visiter la ville, je vous en servirai. J'habite Grenade depuis 1823.

— Entrez.

Ce guide s'appelait Luis (Louis). Un homme grand, sec et maigre. Il n'avait plus la jouissance de toutes ses dents. Ses cheveux étaient gris et rares. Il paraissait actif, intelligent, parlait le français comme un Auvergnat qu'il avait été jadis, et espagnol comme un Grenadin qu'il était maintenant. Nous ne connaissions personne à Grenade, assez pour nous servir de *cicerone*. Luis était un guide payé semblable à ceux dont j'ai parlé dans le chapitre *Aranjuez*. Un prix fut convenu; nous acceptâmes pour le lendemain ses services, et ceux d'une *burra* (ânesse), qui devait servir de monture à notre dame. Luis sortit pour aller prévenir la propriétaire de la *burra*.

Pendant quelques minutes, et pour la troisième fois, nous achevâmes notre toilette et sortîmes. Un nouveau venu, *guide ordinaire* de la maison, juif, parlant bien sept à huit langues, nous fit ses offres de service à son tour. Nous avions accepté ceux de Luis ; nous l'en avertîmes. Au moment même, Luis rentrait. Coup de théâtre!

« Ah! messieurs, disait tout haut l'Auvergnat, en montrant le juif, méfiez-vous de lui : c'est un voleur!

— Un voleur! reprenait le *guide ordinaire*. N'en croyez pas un mot, messieurs. Ce Luis est un ignorant qui ne saura pas vous montrer les plus belles choses de Grenade.

— Ignorant vous-même, monsieur le *lipoglotte* (lisez polyglotte)! Vous avez guidé, l'année dernière, pendant une journée, un baron qui vous a quitté bien vite pour venir à moi. Grippe-sous! va! est-ce moi, ou non, qui ai conduit M. Théophile Gautier? Le gros Gautier! à preuve que les enfants criaient après ses grands cheveux.

La conversation prenait une tournure fort peu pacifique, et triviale. J'aimais mieux dîner que d'entendre les deux rivaux s'injurier. Luis nous donna rendez-vous pour le lendemain à sept heures, et nous entrâmes dans *el comedor* (la salle à manger.) Je conclus des gros mots que s'étaient dits Luis et le juif, que le voyageur était assez rare à Grenade, pour qu'ils le regardassent comme une proie digne d'être disputée.

Notre dîner fut passable. Nous avons bu l'eau avec méfiance. Elle était parfaite au goût, mais était-elle de bonne qualité? On nous a présenté ces magnifiques raisins de Malaga, si parfumés et si appétissants. Après dîner, nous avons été faire un tour au Prado; mais la nuit tombait, et nous ne pouvions juger de l'effet de la promenade. Nous avons voulu manger une glace, — car les glaces sont célèbres à Grenade; — toutes étaient enlevées. L'idée nous en était venue trop tard. A nous d'y penser pour le lendemain.

Dix heures sonnent. Le ciel est d'une pureté indicible; les étoiles scintillent, comme autant de perles; une brise fraîche et continue, venant de la *Sierra-Nevada*, passe sur Grenade. Les boutiques se ferment. Les promeneurs attardés rentrent dans leurs demeures, lanterne en main. Les lumières disparaissent derrière les vitraux. Jamais soirée ne fut plus calme ni plus poétique; jamais ville n'eut plus de mystère. Je suis monté dans ma chambre. J'y suis seul. Je relève la natte de jonc qui sert de jalousie à ma croisée. Je m'assieds, et j'écoute le silence. Est-il vrai que je sois à Grenade! dans la patrie des Abencerrages! N'est-ce point un rêve de mon imagination! Demain, je vais voir l'Alhambra! le Généralife!

Et je regarde par la fenêtre. Ma chambre a vue sur une place au milieu de laquelle s'élève un monument. Ce monument consacre la mémoire d'une femme qui, dans ces derniers temps, fut pendue pour avoir été trouvée brodant un drapeau aux patriotes espagnols. Aussi, devant la porte même de notre hôtel, on lit sur deux marches, couvertes de mosaïques de cailloux :

AL LADO DE UN TRIUNFO HERMOSO,

En un campo dilatado
Un patibulo enlutado
Ostentaba silencioso
Un rostro desfigurado.

A CÔTÉ D'UN BEAU TRIOMPHE.

Dans un champ vaste
Une potence tendue de deuil
Montrait silencieusement
Un visage défiguré.

Ainsi, à Grenade, comme ailleurs, les discordes civiles ont laissé des traces ineffaçables ! Il est probable, me dis-je, que je ne retrouverai plus rien des anciennes populations maures ! L'Espagne a éprouvé tant de secousses, depuis le jour où l'infidèle a succombé devant la bravoure chrétienne !

Le pied du guerrier maure a foulé cette terre.
Le chant de l'infidèle entre ces murs vibra.
Tout homme s'inclinait devant le cimeterre,
Et, les yeux éblouis, admirait l'Alhambra.

Mais Ferdinand parut, Boabdil dut se taire.
Religion, grandeur, lois, tout se démembra.
Et la mosquée alors fit place au monastère,
Où Dieu manquait, ce fut Dieu que l'on célébra.

A l'ombre des palmiers et des frais sycomores,
Tous pleurent aujourd'hui, les chrétiens et les Maures,
Leur passé qui n'est plus, leur foi, leurs jours de miel.

Grenade ! à qui ton sort doit-il servir d'exemple ?
La mosquée est fermée ; on va fermer le temple,
Peut-être ; — et ne doit-il te rester que ton ciel !

Si le voyageur s'attendait à trouver dans Grenade autre chose que des ruines splendides, autre chose qu'un climat merveilleux, il ne tarderait pas à perdre, une à une, ses illusions. Les rues sont petites et étroites; les maisons sont plutôt bizarres que jolies. Les églises, les monuments y ont peu d'apparence. Mais les promenades, on ne se lasse point de les parcourir; et les environs de la ville sont délicieux. La *vega* (la campagne) de Grenade a dix à douze lieues de diamètre, et vingt-sept de circonférence. Encadrée par de hautes montagnes, qui la garantissent des vents du nord, elle est couverte de prairies, de bois d'yeuses, d'orangers, de cannes à sucre. La description la plus poétique de Grenade serait aussi la plus vraie. Des senteurs exquises enivrent le voyageur qui, pour la première fois, traverse cette campagne. Il comprend que ce climat est bien celui d'un printemps éternel, et que la chaleur la plus forte se supporte, grâce à la fraîcheur des nuits. C'est l'ensemble de Grenade, c'est sa position qu'il faut admirer avant tout.

Nous avions passé trois nuits en diligence, pour venir à Grenade. Le sommeil l'emporta sur la rêverie. Huit heures de repos chassèrent la fatigue, et je ne pourrais, bien sûr, dire si mon lit était bon ou mauvais. Le meilleur est celui où l'on dort, qu'il soit de planches ou de duvet. Pourtant, entre nous, je crois qu'il était peu doux, d'après certaines douleurs d'omoplates que je ressentis le lendemain matin.

A sept heures, Luis arriva, suivi d'une vieille femme, tenant une ânesse par la bride. Il s'agissait de commencer notre tournée, de braver la chaleur, et de voir dans Grenade tout ce qu'il nous serait possible d'y rencontrer de curieux.

La monture de notre dame était assez remarquable. C'était une ânesse svelte et courageuse. On avait placé sur son dos une selle recouverte de velours rouge et parsemée de boutons de cuivre, faite en forme de fauteuil avec des bras à X. Pour la plus grande commodité de l'écuyère, on avait mis, en manière de coussin, un charmant petit oreiller à feston, blanc comme neige. Tel qu'il était, notre équipage ne pouvait manquer d'attirer les regards des passants : une dame française à âne, et deux Français la suivant par derrière ; tous guidés par un *cicerone* fort maigre, et par une bonne femme fort laide.

C'est, équipés ainsi, que nous avons parcouru les rues sales et étroites qui, de l'hôtel ou nous étions, conduisent à l'Alhambra. Çà et là, sur notre passage, Luis, qui est un homme actif, nous fait entrer dans quelque chapelle, dans quelque vieille cour à bâtiments d'architecture mauresque, comme s'il voulait nous donner un avant-goût des choses que nous allons voir. D'instants en instants, nous rencontrons quelques têtes plates, quelques figures pain d'épice, quelques chevelures noires et emmêlées, — derniers échantillons de la race maure.

Une vieille porte de pierre donne entrée dans les jardins de l'Alhambra. Des fleurs, des parfums, de l'ombre, de la fraîcheur ! De tout petits canaux en cailloutis, dans lesquels court en murmurant l'eau la plus pure et la plus transparente qui soit. Des lauriers roses et blancs, entremêlés, croissent en pleine terre. Des pins, des sycomores, des arbres de toute sorte étalent leur feuillage vert. C'est-là une terre à part, et peut-être un reste de l'*Ile enchantée*, dont parlent les poëtes. Des allées couvertes et presque sombres, à Grenade, la contrée du soleil! Les arbustes du nord, s'y marient à ceux du midi. Il y a comme un climat particulier aux jardins de l'Alhambra. Il est impossible que je sois là près de l'Afrique. Ce lieu charmant a conservé d'ailleurs son caractère antique. Il n'est pas planté à la mode de nos jours: on y trouve la symétrie, mais non la monotonie de nos jardins français; l'imprévu, mais non le pêle-mêle des jardins anglais. La nature y est belle d'elle-même, et le lecteur peut aisément se figurer l'effet que produit la vue d'arbustes rares, de plantes grasses exposées au grand air, et non encaissées comme le sont les nôtres.

Chacun sait que l'Alhambra est une forteresse, dont le gouverneur est puissant. En prenant à gauche, dans les jardins, une allée qui conduit à la fontaine de Charles-Quint, on se trouve bientôt au pied même de la forteresse. La fontaine de Charles-Quint est fort riche en ornements sentant l'alliage de l'art bysantin qui finit et de la renaissance qui commence; les allégories y soutiennent les blasons, les aigles de l'empire apparaissent au-dessus des dieux mythologiques. Ce monument fut dédié à Charles-Quint par Don Luis de Mendoza, marquis de Mondejar.

C'est par la porte dite *del Juicio* (du jugement), qu'on pénètre dans la forteresse. Les rois de l'Orient rendaient la justice sur le seuil de leur palais, et c'est de là sans doute que le nom de la porte tire son origine; la porte du jugement est pratiquée dans une tour carrée et massive : sa forme est celle de l'ogive orientale, finissant en haut par une pointe, et fort évasée aux deux côtés. C'est sur la façade qu'est gravée la fameuse *main* qui devait prendre la *clef* gravée aussi sous la voûte de la porte, le jour où Grenade serait prise. Cette main et cette clef demeurent là toujours éloignées l'une de l'autre comme preuve de la forfanterie musulmane, la forteresse a si souvent été prise et reprise! Il y a à la porte *del Juicio* un corps de garde, et l'on voit sous la voûte, avant de déboucher sur la place, un autel adossé au mur, autel où, m'a-t-on assuré, fut dite la première messe, quand Ferdinand enleva Grenade à Boabdil le roi petit (*el rey chico*).

Nous avions laissé l'ânesse sur la place de l'Alhambra. Nous voulions voir minutieusement les choses, aller de cour en cour, de bâtiment en bâtiment, de chambre en chambre. Celui qui ne visiterait pas l'Alhambra de cette façon n'en aurait qu'une idée très-imparfaite.

Dans la place se trouve le fameux puits dont l'eau est si belle et si bonne.

On passe de là dans une cour assez petite, où les amateurs admirent quelques ruines de constructions romaines.

Ensuite on monte par un étroit escalier au bas duquel il y a une fontaine arabe, une auge sculptée de figures hideuses, à la *torre de la Vela* (la tour de la Veille), ainsi nommée sans doute parce que de sa plate-forme on peut surveiller la ville; elle renferme une cloche qui sonne à toutes les heures de la distribution des eaux dans Grenade. Du haut de cette tour j'ai vu un panorama magnifique, j'ai vu la ville à vol d'oiseau. Accoudé sur le parapet de pierre, j'ai regardé et regardé encore, — ces maisons arabes, à toit gris et à façade blanche que le soleil rend vraiment radieuses; tous ces jardins qui font de la ville un grand damier à trois compartiments, rues noires, maisons blanches, jardins verts; ces habitations que l'on aperçoit dans les montagnes à droite et qui sont bâties sous terre, et habitées par les derniers des Maures; cette cathédrale somptueuse au dedans, imposante au dehors, toute pleine des souvenirs de Ferdinand et d'Isabelle; ce palais de Charles-Quint qui tient à l'Alhambra, et qui fut commencé en 1527, par don Pedro de Machuca; ces vingt-trois paroisses, dont quelques-unes sont importantes; un théâtre, deux prisons, et deux casernes. Je me retournais sans cesse vers le sommet gris-blanc de la *Sierra-Nevada*. Mes yeux distinguaient toute chose, tant le ciel était clair, et il me paraissait que j'eusse pu voir jusque dans l'intérieur des maisons. Les terrasses sont en assez grand nombre à Grenade, pour donner une idée de l'aspect que présente une ville orientale. Sans les montagnes, il semble que l'horizon n'aurait point de limites. Un petit pavillon, placé dans une position très-avantageuse, et bâti, dit-on, par le général Sébastiani, rappelle le séjour des Français à Grenade, et le *Generalife* (la maison de Plaisance), rappelle le temps où les rois Maures tenaient Grenade.

Voilà ce que m'apprit le guide, en me montrant le pavillon et la maison de plaisance. Je restai longtemps dans l'extase. Pouvais-je espérer rencontrer jamais un spectacle plus magnifique ? Les ardeurs du midi brûlant toute chose au pied d'une montagne de neiges ! une verdure septentrionale poussant à côté des plantes de climat opposé ! Il me semblait que je dormais tout éveillé. J'étais dans une ville telle que les bâtissent les poëtes — ces architectes qui élèvent des pyramides sur la pointe d'une aiguille. Mon imagination chevauchait au delà des choses et des mondes possibles... quand tout à coup la vue de galériens rivés à leurs chaînes de fer, et travaillant dans les cours inférieures, me rappela au monde réel. Des galériens dans l'Alhambra! Vous figurez-vous bien ces hommes à l'œil fauve, au cœur ulcéré, traversant des retraites embaumées par les fleurs d'orangers, et des terrasses poétiques, et des appartements voluptueux!....

Je redescendis l'escalier de *la Vela*. J'allai voir la façade du palais de Charles-Quint, sur laquelle sont entremêlées, comme il convient, les armes espagnoles et allemandes. Ce palais est inachevé; il n'est pas couvert; il n'a que les quatre murs. Maudit soit le jour où Charles-Quint eut la pensée de le faire construire : car il a gâté l'Alhambra pour rien. En effet, sur un des côtés du monument-renaissance, il y a une porte bien simple qui donne entrée dans le palais moresque. On pénètre d'abord dans la cour des myrtes. Il est difficile de décrire les sensations qu'on éprouve à la vue de ce réservoir encadré dans les fleurs, de ces colonnettes blanchâtres, de ces bassins à jets d'eau, de ces galeries pleines de couleur et de lumière.

Et à présent que nous nous promenons dans l'Alhambra, je ne puis que tracer une légère esquisse de ce séjour féerique. Ici, se voit l'historique vase haut de quatre pieds; là, ces petites niches pratiquées dans le mur, où les Maures déposaient leurs babouches avant d'entrer. La *salle des ambassadeurs* est spacieuse et couverte. *El tocador* (le cabinet de toilette) de la reine, est surtout remarquable à cause de la vue dont on y jouit; c'est ce qu'on appelle vulgairement une bonbonnière, où la reine vivait dans une atmosphère de parfums, n'ayant devant les yeux que de gracieuses et poétiques peintures. On nous a montré la *salle des Abencerrages,* et l'appartement des *deux sœurs*, et les bains de la sultane, et la fameuse *fontaine des Lions*, qui est, à elle seule, une des plus grandes gloires de l'Alhambra.

Comment décrire ces myriades de signes arabes et cabalistiques, ces inscriptions qui toutes doivent avoir une portée. Quelques plafonds sont enrichis de peintures arabes bien conservées, — chapitre de l'art encore inconnu de beaucoup de gens qui ont écrit sur l'art. Les murs, les corniches, les plafonds, les colonnes sont bariolés de toutes couleurs. Le rouge, le rose, le lapis-lazuli fourmillent. On croirait voir des monceaux de diamants. De vieilles portes de bois de sapin *historié*, sculpté, guilloché, semblent avoir été posées il y a un siècle seulement.

Après avoir examiné tout cela, chacun se frotte les yeux. C'est plus que superbe, c'est unique. Il ne s'agit pas ici d'un monument grandiose qui élève l'âme, mais d'un palais voluptueux qui excite les sens. L'Alhambra, c'est la poésie en marbre et en plâtre; pour nous, c'est un château des *Mille et une Nuits*. Il ne faut pas le comparer à aucune autre merveille de l'Espagne. L'Alhambra forme un *à parte*, et nous serions tenté de dire comme l'homme à la lanterne magique : Il faut le voir pour le croire! On ne saurait tomber dans l'exagération lorsqu'on décrit le vieux palais moresque, car il est impossible même d'arriver à la vérité, sans faire une description trop minutieuse et trop aride. On assure qu'après avoir lu le *dernier Abencerrage* de M. de Châteaubriand, un Anglais a entrepris tout exprès le voyage de Grenade. Cela me semble rationnel. Que puis-je dire de plus? Quant à moi, habitant de Paris, il m'arrive souvent de m'étendre sur mon fauteuil, de fermer les yeux, de rester quelques minutes sans penser à quoi que ce soit, et puis de recommencer seul ma promenade dans l'Alhambra. Alors, je revois tout, ensemble et détails; je scrute chaque coin du palais; ma mémoire est fidèle; et si quelqu'un vient me déranger, il lui semble que je me réveille; moi, je crois avoir fait un rêve.

Visitons maintenant, le *Généralife*. Cette maison de plaisance domine toute la ville. On y va de l'Alhambra, par de petits chemins détournés et rocailleux. On donne, en passant, un coup-d'œil à l'extérieur de l'ancien palais des Maures. Au dehors, rien n'est laid comme l'Alhambra. C'est un amas de murs gris et rapiécetés, de petites tours qui ressemblent assez à des monceaux de boue sèche, recouverte de chaux. Donc, de l'Alhambra au Généralife, la route est faite de manière à ramener l'esprit vers les idées terrestres. Le *Généralife* appartient, m'a-t-on dit, à un riche Anglais. Nous sommes arrivés devant une porte bâtarde qui n'avait rien de remarquable, je vous assure. Le guide a frappé trois forts coups. Une domestique s'est présentée, et a échangé quelques paroles avec notre Luis. Elle nous a conduits elle-même, son maître étant absent, pour voir toutes les choses curieuses de la maison. Dans sa conversation avec Luis, j'avais entendu prononcer plus d'une fois le mot *peceta* (piécette). Le zèle de la domestique s'expliquait ainsi très-facilement.

Dans le *Généralife*, le bâtiment n'est rien, ou du moins n'est que fort peu de chose. Quelques chambres remplies des portraits des héros de Grenade, de Ferdinand et d'Isabelle principalement, de Gonzalve de Cordoue, etc., se succèdent sans symétrie, sans règles architectoniques.

Mais les jardins ont des bassins et des jets d'eau qui répandent partout une exquise fraîcheur. Ces jardins, peu grands, sont plantés d'arbustes et de fleurs rares. On y remarque, et c'est là ce qui rend le généralife très-curieux, deux magnifiques, deux immenses lauriers roses, placés l'un à côté de l'autre, et mêlant leurs parfums à l'ombre et à la fraîcheur du lieu. L'âge de ces lauriers est sans doute un problème. Tel homme vous assure qu'ils ont été plantés par Boabdil; tel autre les dit fils d'une fantaisie de Charles-Quint; il en est enfin qui font remonter leur âge aux premiers temps de Grenade. Je parle ici de renseignements populaires. Quoi qu'il en soit, on ne se lasse point de regarder les deux lauriers-roses du généralife, aussi importants dans l'histoire pittoresque de Grenade, que l'est la cloche de la cathédrale dans l'histoire de Tolède. On y voit aussi l'arbre où Aben-Hamet fut surpris avec la reine sultane.

Nous sommes montés sur une étroite terrasse, et là, pour la deuxième fois, nous avons contemplé Grenade et sa *Vega*.

Je remerciai avec deux piécettes la domestique du propriétaire. Notre dame remonta sur sa *burra*, et nous revînmes à l'hôtel. Il était onze heures, et la journée promettait d'être brûlante.

Un Anglais dont j'avais fait la connaissance quelque temps auparavant, en revenant de l'Escurial à Madrid, nous avait devancés de quelques jours pour le voyage de Grenade. C'était un grand jeune homme, fort aimable, parlant assez bien le français, mais l'espagnol plus que mal. Il logeait dans le même hôtel que nous à Madrid; nous nous retrouvâmes aussi covoyageurs à la *fonda del Comercio*. Il avait nom Sir James Rennell Rodd, et portait toujours sur lui d'excellent thé. Aussitôt après m'avoir fait ses salutations, sir James m'invita à venir prendre le thé dans son appartement. Là, il me confia en deux mots ses peines. Il avait pris pour guide le juif en question, et n'en paraissait pas fort content, trouvant qu'il ne faisait pas les choses de façon expéditive. Luis aurait il raison? me dis-je; ou bien sir James est-il difficile?

Pour notre promenade suivante, sir James se réunit à nous.

Il nous accompagna pour aller visiter la cathédrale. — La Capilla real est avant tout célèbre, parce qu'elle possède les tombeaux de Ferdinand et d'Isabelle la Catholique, de Philippe I et de Jeanne la Folle. Ces deux doubles tombeaux sont d'un ensemble imposant. Les détails, par malheur, donnent matière à la critique; bien des figures accusent des fautes énormes de dessin. La sacristie renferme une ADORATION DES MAGES, tableau très-vieux et très-curieux, rapporté, assure-t-on, par Ferdinand.

De la *Capilla real*, on entre dans la cathédrale proprement dite, par une belle porte d'architecture gothique, dont la vue étonne à Grenade. La sacristie, où l'on remarque une statue de vierge en bois peint, haute de deux pieds, admirablement faite, et une chasuble brodée en or et argent par la reine Isabelle la Catholique; la chapelle en bois sculpté de saint Jacques de Galice; l'*oratorio*; la *capilla mayor* (le maître-autel), où sont les portraits sculptés d'Adam et d'Ève, peints par Alonso Cano; la chapelle de Santa-Cruz, où le même Alonso Cano a peint les têtes de saint Jean-Baptiste, sculptées en bois; la chapelle de *las Angustias*, remarquable par une Tentation de saint Antoine, tableau en mosaïque; une certaine chapelle enfin, où se trouve saint Jean de Dieu qui porte Jésus-Christ, fait de telle sorte, qu'il est impossible de savoir au juste si c'est Jean qui porte Jésus-Christ, ou Jésus-Christ qui porte Jean. — Alonso Cano, né et mort à Grenade, a fait presque toutes les peintures. L'orgue est le plus beau que j'aie vu encore (attendons Séville) ; il date de 1745; il est tout blanc et or; il est à la fois gracieux et grandiose. La cathédrale fut achevée, ou plutôt les travaux de la cathédrale furent arrêtés en 1637.

J'y ai lu cet avis appendu à plusieurs piliers, et que je traduis en substance : « Si, dans l'église, un « cavalier parle à une dame, il y a peine d'excommu- « nication et d'amende. »

De la cathédrale, on arrive dans une autre église, dite le *sagrario*, ou chapelle servant de paroisse. L'architecture en est plus moderne, plus régulière aussi. Les plafonds sont sculptés dans le goût mauresque. Le *Sagrario* date de 1759.

Ainsi, voici trois églises jointes ensemble, communiquant entre elles, et, par le fait, ne formant qu'une seule église. Cela arrive souvent en Espagne, où nombre de chapelles immenses furent fondées par de grands personnages et ajoutées à la cathédrale, qui est d'ordinaire le monument principal.

Nous avons visité ensuite l'église de Saint-Jean de Dieu, à l'Hôpital, église toute surchargée d'or. On y voit, dans une châsse des plus riches, le tombeau de saint Jean de Dieu et celui de saint Félicien enchâssé aussi. Ce dernier est excessivement curieux. Un squelette, recouvert d'habits de soie et d'or, arrangés avec du fil de fer, est couché, et appuyé sur le bras droit. Il a des gants. Il a autour du front le divin rayonnement et la couronne du martyre. On croirait voir de loin une poupée habillée, et l'on rit; de près, ce saint Félicien est triste à examiner! Le squelette paraît horrible sous ces habits de gloire et de fête. Ce qu'on peut dire de l'église de Saint-Jean de Dieu, c'est qu'elle ne paraît pas le moins du monde être une église d'hôpital, mais bien plutôt la chapelle d'un palais de roi. Elle est couverte du haut en bas d'or et de peintures; les châsses, les reliquaires, les objets du culte y sont d'une beauté riche, mais massive.

Là n'est pas, enfin, tout ce qu'il faut voir à Grenade. La *cartuja* (chartreuse) est une église belle et simple, dont les ornements principaux sont de pierre, et les accessoires, tels que portes ou stalles, de bois, de nacre, d'ivoire et d'argent. On y voit un sanctuaire avec de magnifiques colonnes torses en marbre noir. Quant à la sacristie, elle est pleine de sculptures en marbre et en stuc. Les armoires, faites par les anciens moines, sont incrustées d'ivoire, d'ébêne et de nacre. C'est ce que j'ai vu de plus somptueux, en fait de sacristie. Tout est complet, tout est du même style rocaille, et sans faire aucune recherche historique, on comprend que la *cartuja* date du dix-huitième siècle, et du règne de la branche bourbonienne.

Pour me résumer sur mes promenades à Grenade, je citerai la façade de la chancellerie, l'église de *las Angustias*, le palais de l'archevêché, le prado et son jardin.

Il était neuf heures du soir, lorsque nous nous rendîmes au prado; la soirée était belle et fraîche. Une foule de promeneurs animait une allée plantée de grands arbres. On y voyait le chapeau gris des cavaliers, la mantille des *señoras*, la *jaquetta* (veste) nationale de l'homme du peuple, et quelques-uns de ces costumes qui rappellent l'antique costume mauresque, par leur coupe et leurs accessoires.

Nous partions à minuit; la difficulté de nous ménager des places à volonté, nous forçait à rapprocher le jour de notre départ.

Nos préparatifs furent pour nous chose capitale. Les administrateurs du bureau des diligences n'accordent pour les bagages qu'un poids très-faible, trop faible même. Nous pesions beaucoup, il fallut dissimuler une partie de nos malles, et vraiment, c'était quelque chose de comique que de nous voir diviser tel gros paquet en deux ou trois petits, emplir nos poches, porter nous-mêmes nos porte-manteaux. Cinquante centimes de surcharge à payer par livre, cela nous *sur chargeait* un peu trop la dépense.

A propos de l'eau de Grenade, soit dit en passant, nous expérimentâmes ses qualités; et voici comment. On nous apporta de l'eau, qui n'était pas puisée à la fontaine de *l'Avellano*. Nous mourions de soif, en disposant nos malles. Nous essayâmes de boire. Une gorgée de cette eau nous suffoqua. Comme nous étions heureux d'avoir été prévenus ! Avec la chaleur qu'il faisait, c'en eût été assez pour nous occasionner une maladie, qu'un ordinaire d'eau pareille.

Dieu vous garde de la mauvaise eau qu'on boit à Grenade, et vous conduise à Séville, pour y trouver l'eau la plus limpide et la plus délicieuse.

Ainsi que le lecteur le voit, *nous avons passé par eau* pour aller de Grenade à Séville, et il nous pardonnera ce jeu de mots, en faveur de la transition.

Un proverbe espagnol dit : Qui n'a pas vu Séville, n'a pas vu merveille ; et le proverbe ne ment pas, n'exagère pas même. Séville devrait être, à l'heure qu'il est, la métropole de l'Espagne. Le Guadalquivir, qui l'arrose, lui ménagerait toutes les ressources que Paris tire de la Seine. Si la ville est moins pittoresque que Grenade, elle est en revanche dans une position plus commode. Elle est assise au centre d'une plaine immense, qui s'étend entre la *Sierra-Morena* et les montagnes de *Ronda*. La *Vega* (campagne) est, plus encore que les environs de Grenade, couverte d'enclos, de jardins, de plants d'oliviers et d'orangers, et de jolies maisons de plaisance. Séville a trente paroisses ; Séville a eu trente-cinq couvents de moines et vingt-neuf de religieuses, avec quatre maisons de *beaterias* (maisons de béates).

Décrire Séville me serait ici impossible, non à cause de la difficulté, mais à cause de la longueur de la description. La cathédrale est le plus merveilleux monument de l'Espagne, et l'emporte de beaucoup sur celle de Tolède. Les églises, en général, sont importantes et curieuses. L'*alcazar real* (la forteresse royale) est de goût mauresque, sans pourtant ressembler tout à fait à l'Alhambra : c'est plus puissant, mais moins étonnant de forme.

Outre une muraille, qu'on croit avoir été construite sous Jules-César, çà et là se voient les vestiges de monuments romains. Séville possède cent soixante-six grosses tours et quinze portes. Au delà des murs, on compte neuf *arrabales* (faubourgs); en-deçà, les rues et les places abondent, rues étroites et tortueuses, au moyen desquelles la fraîcheur s'obtient et s'entretient facilement dans les maisons, dont les portes ressemblent aux portes des forteresses. Les marchés y sont populeux, les hôtelleries nombreuses; car l'étranger abonde à Séville.

Le pain est encore plus renommé que l'eau : ce sont là les deux mamelles d'une ville.

Historiquement, cette capitale est moins fameuse que Grenade. Cependant, les histoires de saint Ferdinand rapportent qu'à son entrée dans cette ville, quatre cent mille Maures en sortirent. Cela prouve son importance primitive, et l'on s'étonne qu'aucun des grands rois qui ont gouverné l'Espagne n'ait voulu ou osé prendre Séville pour sa résidence. L'époque de sa fondation se perd dans la nuit des temps, comme ont coutume de dire les chroniqueurs. Il paraît qu'autrefois les rois y demeuraient, mais on ignore pourquoi ils ont abandonné ce séjour. Son commerce était florissant sous Charles III; mais aujourd'hui que l'Amérique lui manque et que le gouvernement a si peu de stabilité, Séville n'est plus renommée qu'à cause de sa compagnie du Guadalquivir.

Promenade à Séville.

Passons tous les deux un jour à Séville,
Lecteur; revêtez l'habit andaloux.
Visitons ensemble une grande ville,
Pleine de beautés, d'amants, de jaloux.

L'heure de midi dans cet instant sonne.
Le ciel est d'azur, le soleil de feu.
Dans les *paseos* personne! personne!
On dirait encor l'ancien couvre-feu!

Ne savez-vous pas, lecteur, le proverbe?
Midi des maisons nous ferme l'accès,
Et, fît-il un temps unique et superbe,
Nous ne pouvons voir que chiens ou Français.

Nous sommes Français; quoiqu'on dise, en marche!
Voyageur peut-il choisir les saisons?
Le Sévillien dort comme un patriarche,
Presque comme lui dorment ses maisons.

Peu d'ombre, et pourtant la rue est étroite.
Les rideaux de fil ferment les balcons.
Le soleil, à gauche, est brûlant; à droite,
La poussière tombe ainsi qu'en flocons.

Le silence règne, un silence calme.
A nos pieds parfois coule un ruisseau clair.
Un palmier nous fait ombre de sa palme,
Ou quelque oranger nous parfume l'air.

En marche! un coup d'œil à la cathédrale!
Tout marbre au dedans, granit au dehors!

Pieuse valeur, valeur numérale!
On a laissé Dieu, mais pris les trésors.

Elle a son surnom qui dit tout: LA GRANDE.
Quand la foule y prie, il semble que Dieu
Prend toute la foule en humaine offrande,
Et l'entoure alors d'un réseau de feu.

Quand nous avons fait le tour de l'église,
Nous nous installons près de l'Alcazar.
Bien qu'épée avec missel rivalise,
Après Jésus-Christ doit venir César.

Vieux monument maure! une tour carrée!
Avec des murs peints, des plafonds de bois!
Forteresse à peine, hélas! réparée,
Depuis que Fernand la mit aux abois.

Visitons enfin l'hôtel des monnaies,
L'entrepôt marchand toujours embelli,
Et les jardins blancs comme des aunaies
Du palais des ducs Medina-Celi.

Ayant devant nous la porte Baquette,
Contemplons l'ensemble. En ses murs romains,
Le gai Sévillien sommeille ou caquette,
Ou de la *Vega* remplit les chemins.

Le beau cavalier! comme il se pavane
Sur son destrier coquet et fringant!
Son fusil l'escorte; il fume un havane;
Un rubis reluit à travers son gant.

Son costume plein d'argent et de soie
Éblouit les yeux de scintillements.
Aussi le soleil empêche qu'on voie
Son teint basané, ses habillements.

La foule est enfin, le soir, accourue;
Chacun est sur pied. On sue à gravir
Ce mont qu'à Séville on nomme une rue,
En détours vainqueur du Guadalquivir.

Et la foule rit. La ville, comme elle,
S'égaie. Aux balcons on en voit s'assoir.
On chante, et le bruit des chansons se mêle
Au suave encens des parfums du soir.

Voilà une esquisse bien rapide de cette merveille de l'Espagne! A peine y trouve-t-on indiqués au trait seulement les monuments les plus remarquables. Mais je le répète, il faudrait un volume entier pour entrer dans quelques détails à propos de Séville; pour parler de ces magnifiques tableaux de Murillo qu'on ne trouve que dans sa patrie; de la *Giralda*, tour de 350 pieds, et dont l'aspect est délicieux. Les habitants ont conservé ce costume si riche, le plus beau de tous ceux d'Andalousie.

Madrid monumental.

Depuis plusieurs nuits et plusieurs jours nous voyagions, enfermés dans nos cages roulantes. Il nous tardait d'arriver à Madrid. Mais à vrai dire, plus nous en approchions, et moins nous concevions d'espérances. Les plaines nues et désolées qui environnent la capitale des Espagnes nous avaient fait penser aux choses les plus bouffonnes du monde. Ne nous avait-on pas dit que, bien certainement, nous serions dévalisés à une lieue de Madrid? La dernière nuit de voyage était passée; le postillon nous assurait qu'avant huit heures du matin nous franchirions les portes de la ville. Vers sept heures, en effet, nous aperçûmes Madrid. Nous roulions toujours. Le vent et la poussière nous tenaient compagnie. Nous faisions rencontre de chasseurs en costume de paysan; de jeunes filles endimanchées, éventail en main, avec leurs mantilles de soie noire et leurs souliers à rosettes rouges; de *calesas* (cabriolets) où riait un couple amoureux, et qui, vues à distance, ressemblaient à des papillons de plusieurs couleurs, *si tantas componere*... comme dit Virgile. Le village de *Fuencarral*, le premier qu'on trouve sur la route de Madrid à Bayonne, fut bientôt traversé. Je l'ai dit, nous apercevions Madrid, ville neuve et dont l'aspect nous semblait monotone.

Cependant, il ne faut pas se laisser aller aux premières impressions. Elles disparaissent aussitôt qu'on est arrivé à la *porte de Bilbao*. Quand la diligence entra dans la ville, une espèce de chasseur à cheval se plaça derrière, la suivit, et l'accompagna jusqu'à l'administration : précaution prise par les douaniers.

— Qui jamais aurait pensé que Madrid fût si plein de mouvement? me dit un de mes compagnons de voyage. Regardez donc ! Du monde dans les rues et aux fenêtres! et cela, un dimanche!

— Je crois, répondis-je, que nous serons contents de la capitale. Mais, à propos continuai-je en riant, nous n'avons pas été volés!

— Nous le serons au retour.

— Impossible.

— Impossible! vous croyez! Voici, mon cher monsieur, comment se font les attaques de diligences à une demi-lieue de Madrid; prenez cela pour une explication des craintes que les Bayonnais ont cherché à vous faire concevoir. Quand un voyageur de distinction va quitter Madrid, les *ladrones* en ont connaissance. Leurs compères, qui se promènent dans la *casa de postas* (la maison des postes), ou aux abords des administrations de diligences, ou enfin à la tant célèbre *Puerta del sol*, apprennent indirectement la chose. Bientôt ils savent le jour et l'heure du départ, ce que le voyageur emporte avec lui, s'il a de grasses malles et beaucoup d'argent. Ils vont se mettre en embuscade sur la route, à un quart de lieue de *Fuencarral* environ. L'attaque est risquée; leur nombre en impose aux voyageurs les plus déterminés. On capitule, on compose amiablement, un des assaillants jette son *sombrero* à terre, et les voyageurs s'exécutent. Le *sombrero* remplit l'office de bourse à quêter.

— Laissez donc!—Je ne voulais pas croire à de pareilles aventures. Mon compagnon, lui, riait de mon incrédulité. Il soutint ce qu'il avait avancé. Tout en parlant ainsi, nous entrions dans la cour de l'administration des diligences générales. Les douaniers firent leur devoir, firent très-bien leur devoir. Une foule de commissionnaires se présentèrent pour porter nos bagages. A peine quelqu'un put-il ou voulut-il nous indiquer un hôtel. Le nombre des hôtels est trop minime à Madrid. On nous avait recommandé celui de M. Casimir Monier, *carrera San-Geronimo*. Il n'y avait pas de place. Force nous fut de courir ailleurs. A la *fonda de Genieis*, même réponse. Nous ne pûmes « trouver un gîte » qu'à l'*Hôtel de la Amistad*, tenu par un Français, gros, court et vif, qui s'appelle Louis Ferrand. L'appartement qu'il nous accorda était assez *simplement* décoré; mais, à vrai dire, il n'y avait pas de quoi se plaindre. Louis tient café et billards, au rez-de-chaussée. Sa femme est, m'a-t-il dit, blanchisseuse de fin, profession assez lucrative à Madrid, pourvu qu'on soit habile. Un domestique italien et parlant français, nommé Antonio, fut affecté à notre service particulier, et Louis nous assura que nous mangerions de la cuisine à la française. Une fois installés, « nous voulûmes goûter quelques instants de repos » comme disent les faiseurs de voyages autour du monde. C'est alors que l'on arrangea nos lits. Tout Français qu'il est, Louis Ferrand n'a pas pu importer les ameublements de son pays à Madrid. Chez lui, comme ailleurs, trois planches clouées sur deux tréteaux forment « le bois de lit » ; et un matelas bien mince, communément appelé *galette* en France, forme la literie. Chez lui comme ailleurs des serviettes de toilette grandes comme de petits mouchoirs. Néanmoins, certains accessoires de l'hôtel trahissent l'origine de Louis Ferrand. Il y a des cheminées. Son ameublement est français, comme sa cuisine, et Dieu sait si sa cuisine est bien française!

A quatre heures du soir, chacun de nous se leva. Le dîner était sur la table; Antonio, la serviette sous le bras, nous servait d'une façon tout à fait aimable et engageante. Brave Antonio! Je sais quelqu'un qui a conservé de toi un souvenir durable! Le lecteur saura plus tard pourquoi. Vers sept heures la question s'agita, entre nous, sur la manière dont nous employerions la soirée. J'inclinais pour la promenade du Prado. Madrid et son Prado, Venise et son carnaval, j'ai été bercé avec cela. La promenade du Prado obtint la préférence sur le spectacle. Et puis, c'était l'heure où la reine Isabelle II se rend au *Buen-Retiro*. Nous espérions la voir. L'hôtel de *la Amistad* est situé presque au coin de la belle rue d'*Alcala*, à peu de distance de l'hôtel occupé par Espartero, duc de la Victoire. En quelques minutes, nous arrivâmes au Prado.

Ici je demande grâce pour quelques vers auxquels je donne le titre pompeux de description, et que j'ai dédiés à mon ami Alexandre Manceau :

Le Prado de Madrid est une grande allée,
Plane, droite, éclairée, et qu'on croirait dallée.
Des arbres vigoureux l'encadrent. Au milieu,
La Fontaine-Apollon, élevée à ce Dieu
Sous Charles trois, le roi de l'Inde et des Espagnes,
De toute sa hauteur règne sur ses compagnes
Éparses aux deux bouts. Des bancs sur le côté,
Des chaises où, le soir, pour montrer leur beauté,
Les jeunes señoras, viennent s'asseoir et causent.
Ici, des vendeurs d'eau sont couchés et reposent ;
Là, des miliciens, au pas vif et hardi,
Bravent dans le *salon* les ardeurs du midi.
Un *tacaño* moderne, amateur de bagarres,
Ramasse avec grand soin des débris de cigarres,
Et les achève. Ou bien, un flâneur étranger,
Veut des coups de soleil affronter le danger.
Une *pasiega* [1] sur un banc s'est assise,
Pour allaiter l'enfant à son heure précise.

[1] Femmes de la vallée du Pas, d'où viennent un grand nombre de nourrices.

À l'ombre enfin un vieux distribue en plein air,
Le nectar *del Berro* [1], si parfait et si clair.

Cependant le soleil décroît, faiblit, recule.
Voici le beau moment, l'heure du crépuscule.
De tous côtés le monde arrive avant la nuit.
Le désert s'est peuplé. Quelle foule et quel bruit !
Là, quelques señoras de noir sont habillées.
D'autres le sont de blanc, comme des mariées.
On les cherche, on les suit, et chaque promeneur
Leur lance un doux regard qui parle de bonheur.
A ce muet langage alors on s'accoutume,
Que de traits variés sous le même costume !

L'une sous son voile blanc
Se blottit ou fait semblant.
Mais combien son œil scintille !
On ne frôle qu'en tremblant
Sa basquine ou sa mantille,
Sa robe ou son voile blanc.

L'autre, pour couvrir sa joue,
Avec son éventail joue,
Et veut s'en faire un rempart.
Puis là-bas, de notre moue
Elle s'en va rire à part.

L'autre, que chacun révère,
D'une sainte du calvaire
Porte les habits de deuil ;
Mais de ce cœur si sévère
L'amour sait franchir le seuil.

Ainsi ces arbres d'Asie,
Qui recèlent l'ambroisie,
N'exposent au feu du ciel
Qu'une écorce âpre et noircie,
Et sont tout saveur et miel.

[1] L'eau de la *Fuente del Berro* est renommée à Madrid.

Là quelques señoras de noir sont habillées.
D'autres le sont de blanc, comme des mariées.

Main petite et pied mignon, —
OEil vif dont le compagnon
Est un grand sourcil d'ébène.

Bas à jour, gants de filet,
Court jupon, long mantelet,
Taille qu'on saisit à peine; —

Dents blanches, — vrais diamants, —
Pour lesquelles mille amants
Peut-être ont vendu leur âme; —

Bouche ardente qu'un baiser
Saurait bien vite apaiser,
Si c'est l'amour qui l'enflamme.

Quel tableau varié! — Des officiers coquets.
Des *hidalgos* offrant aux dames des bouquets.
Des enfants turbulents qui traversent la foule.
Des fournisseurs de feu dont la main vous déroule
Un petit bout de corde embrasée, et pouvant
A toute heure allumer un cigare en plein vent.
Des conversations sans suite, interrompues.
Des chaînes de causeurs subitement rompues.
Un groupe qui s'arrête, et rit des curieux.
Et des *lions* enfin, qu'on croirait furieux —,
Car il est des lions à Madrid comme en France. —
A nos *Cours* les *Prados* font une concurrence.
Les promeneurs assis forment cercles. On rit,
On parle, on complimente un objet qu'on chérit.
On critique surtout. Et si quelque Française
Au milieu de la foule apparaît; à son aise,
Chaque *señorita*, vive comme l'éclair,
Analyse en deux mots sa toilette et son air.
Quelquefois, et c'est là du Prado la fortune,
Le soir est doux, le temps frais; il fait clair de lune,

Des flots blancs de lumière inondant le salon,
Argentent la poussière arrachée au sablon
Que les pieds font lever. C'est un effet d'optique.
A l'instant le Prado devient tout poétique.
Les promeneurs de loin nous paraissent errer
Près du fleuve des morts, se parler, se serrer,
Attendre le moment où Caron, dans ses barques...
Mais laissons là Caron, les enfers et les Parques.
L'orientale Espagne exige avec raison
D'autres sujets d'éloge et de comparaison.
Donc, si l'on se souvient de Séville ou Grenade,
On peut dans son esprit meubler la promenade
Avec des monuments mauresques. Le Prado,
Que le Généralife orne de ses jets d'eau,
A qui l'Alhambra prête — ô visions étranges! —
Ses grenades, ses fleurs de laurier, ses oranges,
Le Prado semble alors un divin paradis,
Tel que les ménestrels nous le peignaient jadis,
Où l'homme avec bonheur respire la lumière,
Où toute chose est vue en sa splendeur première,
Où l'on entend des sons charmants au lieu de bruits,
Où l'on vit au milieu des parfums et des fruits,
Où la pensée, enfin, vive et capricieuse,
Rêve une vie à part, et la plus gracieuse.

Mais hélas! tout cela n'est qu'une vision,
Un caprice, un effort d'imagination.
Dès la nuit, le Prado redevient vide et sombre.
Le ladron seul y dort. — Du tableau c'est là l'ombre.

Nous nous promenions tranquillement dans le *salon* du Prado, quand un bruit de chevaux et de voitures se fit entendre. C'était la reine Isabelle qui se rendait au Retiro. Quelques gardes à cheval formaient l'escorte. Dans la première voiture étaient la reine, sa sœur, et madame Mina. La reine Isabelle paraît plus que son âge, et dans les circonstances actuelles de la politique espagnole, c'est presque un compliment que nous lui adressons. La reine et sa sœur sont vêtues à la française. Comme la dame qui nous accompagnait portait un *camail*, et qu'on n'en voyait point encore à Madrid, la reine Isabelle ne la quitta pas des yeux, ce qui nous permit à nous, de considérer attentivement les deux royales sœurs. Cependant, les voitures allaient vite, et elles entrèrent dans les jardins du Retiro, où nous les perdîmes de vue. Il me semble que l'existence de la petite reine Isabelle est une des existences royales les plus monotones qui soient en Europe, voire même au monde. Tous les jours, à heure fixe, elle va au Retiro, longe le Prado en voiture, et rentre au palais. On m'a assuré que c'était là une promenade en quelque sorte exigée, et que si la reine y manquait, la population de Madrid s'inquiéterait, ferait des commentaires, et, peut-être, se plaindrait. La seconde voiture était pleine de grandes notabilités militaires. Je n'en connaissais aucune, et j'avoue ne m'être point renseigné sur leurs noms ou sur leurs qualités. Ces gens-là ne m'intéressaient pas. Mais la petite reine, au contraire, cette enfant dont toute l'Europe se préoccupe, cette enfant qui touche de si près au trône, et autour de laquelle l'Espagne se groupe avec espoir de voir finir ses maux, j'eusse été désolé de ne pas la connaître. Peu d'acclamations retentissaient sur son passage. J'en demeurai surpris : mais il paraît qu'en Espagne comme en France, le temps des *vivat* enthousiastes est passé.

Ce même soir, j'allai au *café nuevo*, rue du Duc de

la Victoire, un des plus beaux et des plus fréquentés de tout Madrid. Là, j'éprouvai combien un dictionnaire est traître parfois, et voici comment. Nous étions quatre, et il faisait une chaleur excessive. L'envie nous vint de prendre des glaces. Vite, vite, cherchons dans le dictionnaire de poche, confiné dans les poches de mon habit. Je cherche. Glace se dit *yelo*. Fort bien. J'appelle un des garçons, et lui fais ma commande. Au bout d'un quart d'heure, le misérable nous apporte quatre grands verres pleins de neige fondue, breuvage qui nous déplut singulièrement à tous. J'en avalai tout juste ce qu'il fallait pour être désaltéré. Ce sont-là, me dis-je à part moi, ces glaces d'Espagne dont la renommée a traversé les Pyrénées? C'est incroyable! — Aussi, quelques jours après, j'employai un moyen de *Goddam*, pour me faire servir de vraies glaces, de belles et bonnes glaces. Mes trois compagnons me suivirent dans un petit café de la rue *del Principe*, près du théâtre de ce nom. J'entrai gravement jusqu'au fond du café, sans prononcer une seule parole. Mes regards se fixaient sur toutes les tables. O bonheur! j'aperçus ces petites pyramides blanches et roses que nous nommons glaces en France. Un garçon, étonné de ma démarche, s'était approché de moi. J'allai droit aux petites pyramides en question, et, les lui désignant avec l'index:

— *Mozo*, lui dis-je, avec un sang froid tout à fait britannique, *cuatro como eso*.

Ce qui voulait dire : Donnez-m'en quatre comme cela.

Le garçon se mit à rire, mais me comprit : c'était le principal. La caissière rit aussi.

Les personnes attablées dans le café suivirent l'exemple du garçon et de la caissière.

— *Cuatro sorbetes*, cria le garçon.

— Non pas des sorbets ! des glaces !

— *Bien, bien señor*.

Et me montrant à son tour les quatre glaces que j'avais données pour modèles, il ajouta :

— *Esto se llama sorbetes* (cela s'appelle des sorbets.)

Convenez, lecteur, qu'il était difficile de savoir par intuition que les glaces de France s'appellent sorbets en Espagne. Quoi qu'il en soit, on nous en servit quatre excellentes, dignes de leur réputation. A notre sortie du café, les rires recommencèrent. Mais on n'est pas étranger pour rien, et il faut bien donner prise un peu aux moqueries. Je n'avais pas lieu de me fâcher, tant j'avais ressemblé à cet Anglais qui demande « deux liards de la petite chose. »

Pour terminer le récit de nos aventures de cafés dans Madrid, il me reste à en raconter une d'un autre genre. Un soir, toujours après une promenade au Prado (car nous allions au Prado tous les soirs), nous entrâmes au café Cervantès, situé presque à côté de l'hôtel du duc de la Victoire. Nous demandâmes des glaces qu'on nous servit sous une petite tente dressée dans un jardin qui paraissait fort grand et assez beau. Nous étions trois, une dame, son mari et moi. On nous donna bien des glaces, c'est-à-dire des *sorbetes*, en les accompagnant d'une corbeille pleine de petits gâteaux. Nous avions laissé les gâteaux de côté, et mangé les *sorbetes* seulement. Lorsqu'arriva le moment de payer, le garçon réclama le prix des glaces et gâteaux, tout ensemble, bien que nous n'eussions pas touché aux derniers. Sur l'observation que nous lui en fîmes, il répondit que c'était la coutume, et qu'il fallait payer le tout; et, sur cette réponse alors, mon compagnon, saisi d'une noble indignation, effondra la montagne de gâteaux qui se trouvaient dans la corbeille, et les jeta dans le jardin, en accompagnant cet acte vigoureux de gestes éminemment dramatiques, et en prononçant un : *C'est bien* des plus expressifs. Le garçon resta coi. Nous sortîmes, nous promettant de noter le café de Cervantès sur nos tablettes, café grandiose, avec tente et jardin, où nous avions entendu des joueurs de flûte et de harpe, exécuter le fameux duo *des Puritains*, et où nous avions payé des gâteaux que nous n'avions pas mangés. Malgré tout, cependant, ces gâteaux-là ne peuvent nous rester sur le cœur. Je recommande le café de Cervantès aux voyageurs, mes compatriotes, et à mes amis de Madrid eux-mêmes.

Il faut à présent faire connaître mes visites aux théâtres de Madrid, afin de procéder méthodiquement. La guerre des Français, la destruction des deux beaux théâtres du *Retiro* et de *los Canos*, et les troubles qui agitent l'Espagne, depuis les premières années du dix-neuvième siècle, ont fait sentir leur influence sur la scène espagnole, dit *M. Mesonero Romanos*, dans son *Manuel de Madrid*. Ajoutons qu'il n'y a à Madrid, en réalité, que trois théâtres, celui de la *Cruz*, celui *del Circo* et celui *del Principe*. Le théâtre de la *Cruz* date de 1737, et contient, assure-t-on, 1,318 personnes. Extérieurement, il est laid, irrégulier, presque malpropre. A l'intérieur, il est bien décoré, avec richesse, sinon avec goût. J'y ai vu représenter *Lucrezia Borgia*, de Donizetti, assez faiblement exécutée par une troupe italienne. Seule, madame Villo, qui remplissait le rôle de Lucrezia, s'en acquitta avec un éclat véritable. Les chœurs chantèrent avec ensemble; l'orchestre accompagna passablement. Je compris, à la froideur et à la rareté des bravos que le public n'était pas content. — Le théâtre *del Circo* ressemble beaucoup à un cirque. Je crois avoir entendu dire que c'est là qu'Auriol fit ses tours, pendant qu'il donnait des représentations à Madrid. La salle est peu ou point décorée; mais tel qu'il est, ce théâtre est très-fréquenté par la bonne société de la capitale. Il s'y trouvait une troupe italienne, rivale de celle que j'avais entendue à la *Cruz*. On joua *Lucrezia Borgia* un soir, et un autre soir la *Sapho* de Pacini. Madame Basso-Borio réussit dans le rôle si difficile de Sapho. Somme toute, l'exécution fut faible comme l'opéra lui-même. Enfin, j'allai au théâtre *del Principe*, qui représente toutes espèces de pièces, mais particulièrement des comédies et des drames, la plupart *translatos* ou *arreglados* (traduits ou arrangés du français). — Le théâtre *del Principe* est assez joliment décoré. Je m'y serais amusé beaucoup, si j'avais pu bien comprendre tout ce que disaient les acteurs. On y joue beaucoup de pièces de M. Scribe. Si c'est en entendant la prose de M. Scribe que les Espagnols asseoient leur jugement sur notre littérature dramatique, ils doivent, disons-le en passant, en avoir une singulière idée. Pour intermèdes, au *théâtre del Principe*, il y a ce qu'on appelle le *baile nacional* : des danseurs, en costume du pays, exécutent des *boléros*, des *fandangos*, des *jotas aragonesas*, des *cachuchas*, etc., remarquables surtout à cause de l'entrain général, et de la vivacité des danseurs. Combien de Dolorès-Serral et de Camprubi on voit-là ! Et leurs danses produisent d'autant plus d'effet, qu'elles ont cours encore parmi le peuple, et que, rentré chez soi, chacun pourrait, à peu de frais, les voir exécuter par des *muchachos* (garçons) et des *manolas* (grisettes)[1]. — Le théâtre *del Oriente*, dont le bâtiment est encore inachevé, sert, autant que je puis me le rappeler, de salle pour l'assemblée des Cortès.

Un théâtre, en Espagne, offre un aspect curieux. Pour en jouir, qu'on se place à la *luneta* (à l'orchestre). Quelquefois, comme à la *Cruz*, par exemple, il s'y trouve des endroits réservés pour les femmes, et qu'on nomme *cazuela* ou *tertulia* (loges en face de la scène.) Rien de plus étrange que de voir une multitude de *señoras* agitant leurs éventails noir et or ; leur toilette sombre tranche sur la couleur gaie des loges et des galeries. Je n'ai pas remarqué qu'il y eût de

[1] Le lecteur se rappellera ici notre *petit bal à Aranjuez*.

foyer. Les spectateurs, pendant les entr'actes, se promènent dans les corridors où les hommes fument, ce qui en rend l'atmosphère passablement épaisse. *Al Circo*, j'ai lu, à une des portes d'entrée du *patio* (parterre) une petite affiche écrite à la main, par laquelle il était expressément défendu de fumer dans l'intérieur de la salle : preuve que certaines personnes essaient parfois de pousser jusque-là le sans-façon. Du reste, on trouve dans le théâtre des rafraîchissements, et toutes les commodités imaginables. A l'heure qu'il est, on vend dans les salles de spectacle de Madrid, un journal spécial qui a pour titre *El Pasatiempo*, le Passetemps, et qui est calqué sur notre *Entr'acte*, à Paris. Le *Pasatiempo* « contient une collection de contes, d'anecdotes, d'historiettes, de poésies, etc., » et n'a pas encore une année d'existence. Quant au public espagnol, il a plus d'enthousiasme que le nôtre, et ses applaudissements, de bon aloi, n'attendent pas le signal des chevaliers du lustre. Il se compose de beaucoup d'officiers et de jeunes employés dans l'administration. Selon ce que j'ai pu remarquer ; les Espagnols ont la passion du théâtre ; ils écoutent, applaudissent ou murmurent, — toutes manifestations raisonnées chez eux, et par lesquelles ils font savoir s'ils sont mécontents ou satisfaits. Chaque jour, la bonne société prend des plaisirs plus choisis, fréquente les théâtres et les concerts, préférablement à la *plaza de toros* (amphithéâtre des taureaux).

La *Plaza de toros*, à Madrid, a onze cents pieds de

circonférence; douze mille personnes, réparties en cent dix *balcones* (balcons), y tiennent à l'aise. Sa forme est circulaire. Il y a des gradins couverts, et des bancs en plein air, appelés *tendidos*. Il s'y donne régulièrement douze courses de taureaux par an, les lundis, depuis les mois de mars ou d'avril jusqu'en octobre[1]. De nos jours, une course de taureaux n'est pas aussi terrible qu'autrefois. Alors, les papes essayèrent de les abolir, tant l'humanité se refusait à ces sortes de jeux. De nos jours, toutes les précautions nécessaires sont prises. Ce sont des exercices d'adresse, où la vie des hommes ne court plus aucun danger. Le sang coule. Voilà le pire de la chose; et ces chevaux éventrés, ces bœufs immolés presque à la manière des victimes antiques, révoltent l'imagination. J'aurais voulu décrire une *corrida* (course), mais je m'abstiens pour ne pas ajouter une description à la somme des descriptions passées, présentes et futures qu'on a faites ou qu'on fera sur ce sujet. Un combat de taureaux doit être vu, non raconté. Il est inutile d'ajouter que chaque ville, en Espagne, possède sa *plaza de toros*.

Bien que le nombre des monuments, à Madrid, ne soit pas immense, comme nous les voulions visiter d'une façon expéditive, nous louâmes une espèce de remise à l'heure, et nous nous fîmes conduire successivement, — à *las Salesas*, église d'un goût charmant, avec des autels de marbre, des peintures, et des bas-

[1] J'extrais ces renseignements précis du Manuel de Madrid.

reliefs. Il s'y trouve le tombeau de Ferdinand VI, son fondateur, admirable mausolée fait en marbre de plusieurs couleurs, rehaussé de cuivre doré; — à l'église du Saint-Sacrement, dont la façade, en granit, est ornée de colonnes et d'une belle statue de marbre blanc, au milieu. L'intérieur est blanc et or, et le soubassement général en marbre de différentes couleurs. On va de chapelle en chapelle, par des portes ou plutôt par des corridors creusés dans le mur. Rien de moins éclairé que ces chapelles. Une d'entre elles est toute dorée, et pleine de petites glaces et de petites niches renfermant des reliques de saints ; — à Saint-Thomas, église grande et remarquable. Son maître-autel est d'une richesse sans pareille, mais d'un mauvais goût. On y voit, dans la chapelle de Notre-Dame-des-Sept-Douleurs, une statue de la Vierge, habillée de noir et de blanc, avec sept épées d'acier qui lui percent le cœur. Le cardinal de la Cerda a été enterré dans cette église ; — à Saint-André enfin, célèbre par sa chapelle et son tombeau de saint Isidro. La statue du saint, en costume de laboureur, est debout sur l'urne sépulcrale placée au centre d'un tabernacle fort beau, couronné par un groupe d'anges et de chérubins, et surmonté par une statue de la Foi. La chapelle de l'évêque (*del Obispo*), est aussi fort remarquable.

Dans les églises de Madrid, aussi bien que dans toutes les autres de l'Espagne, il n'y a point de chaises, mais seulement quelques bancs de bois, où s'assoient l'un à côté de l'autre le riche et le prolétaire.

Le marquis de Pontejos, dont la capitale conservera toujours le souvenir, commença, il y a quelques années à faire mettre des bancs dans les églises de Madrid. Malgré ses efforts, l'usage ne s'en est pas encore établi. Il semble que ce soit là un effet du caractère castillan, de l'espagnol, jaloux de son indépendance personnelle.

Certes, nous n'avons pas visité toutes les églises de Madrid, qui renferme dix-sept paroisses, une foule de couvents en ruines aujourd'hui, et des chapelles, et des écoles pieuses, et des monastères. Je mets en fait que deux mois n'auraient pas suffi, dans le dernier siècle, pour visiter un peu en détail les monuments religieux. On est consolé, au reste, en pensant que tous sont les mêmes, à quelques variantes près.

Les habitants de Madrid se rappellent sans cesse la date fameuse du 2 mai 1808. Ils ont consacré ce souvenir de toutes les manières possibles. Une colonne obéliscale s'élève à côté du Prado, pour éterniser la mémoire des martyrs de l'indépendance espagnole. A sa base se trouvent quatre statues en pied, et on lit, sur la colonne, ces mots : *Dos de Maio*, écrits en lettres d'or. Un Français qui a quelque connaissance des guerres de la Péninsule, n'a pas de peine à traduire et à expliquer ces mots-là. Ils signalent l'époque où l'armée française perdit toute influence en Espagne. Ce n'est qu'en 1840, que ce monument a été élevé. On ne nous taxera pas de sévérité, si nous disons qu'il est au-dessous du grand événement qu'il rappelle.

Un mauvais tableau du Musée du roi retrace cette époque de la révolution espagnole. Dans les maisons, un bon nombre de gravures, pour la plupart gravées en France, ont aussi pour sujet le 2 *mai*. Partout l'art a échoué en face d'un pareil sujet.

Quant aux musées de Madrid, ils sont tous magnifiques, même si l'on veut parler des collections particulières. Le musée royal est considérable. Les diverses écoles italienne, espagnole, française, allemande, etc., y sont dignement représentées ; mais les sculptures ne répondent pas aux tableaux. Le musée de *San Fernando*, possède une admirable copie de la Transfiguration de Raphaël. Celui de la Trinité, que je n'ai pu visiter, est aussi, assure-t-on, rempli de magnifiques tableaux. On ne saurait trop conseiller à nos artistes d'aller à Madrid. Ils trouveront de quoi étudier, et bien des chefs-d'œuvre hors ligne. S'il me fallait ici parler en détail du Musée royal seulement, deux volumes me suffiraient à peine ; mais à Dieu ne plaise que je change mon rôle de voyageur en celui de critique! Le lecteur n'aimerait guère à me suivre. Il lui suffit de savoir qu'on trouve au musée de Madrid des tableaux de tous les grands maîtres, et que, à part la variété, ce musée est aussi riche que celui de Paris. La disposition des écoles, des tableaux même, est intelligente. Telle salle renferme les œuvres de l'école espagnole ; telle autre, celles de l'école italienne, et ainsi de suite. Le plus grand ordre paraît présider aux choses qui concernent le musée. Le livret porte : «Les jours de pluie, l'entrée sera suspendue. » On veut conserver aux galeries un air de salon de bonne compagnie. Le bâtiment lui-même est assez remarquable. Il a été élevé, en 1785, par l'architecte *Don Juan de Villa-Nueva*, d'après l'ordre de Charles III, — ce roi qu'une statue, à Burgos, honore comme père de la patrie. Sa première destination était une Académie de sciences exactes et un cabinet d'histoire naturelle. On a donné la préférence à la peinture. Au reste, le cabinet des sciences naturelles est bien curieux à visiter. Chaque voyageur y admire une superbe collection des marbres de la Péninsule, placée symétriquement sur des tablettes ; des vêtements, des armes et autres objets d'Amérique ; un précieux modèle en ivoire d'une galère chinoise, et plusieurs antiquités arabes, etc., etc.

Madrid n'est pas pour rien la capitale des Espagnes, et les curiosités n'y manquent pas. Mais il y faut suivre le précepte de l'Évangile : « Cherchez, et vous trouverez. » Les choses n'y sont pas ostensibles comme à Paris, et telle maison bien vieille et bien pauvre d'apparence, renferme des objets du plus grand prix, soit sous le rapport de l'art, soit comme valeur intrinsèque. Pour exemple, je citerai la *Armeria real*, Vous frappez à une petite porte. Un gardien vient ouvrir. Vous présentez votre billet, et vous êtes admis à visiter un cabinet unique. L'*Armeria real*, autrement dit en français, l'*Arsenal royal*, fut apporté de Valladolid à Madrid en 1565. Outre des armures de toutes sortes et de toutes époques, on y remarque une magnifique voiture de fer, fabriquée en Biscaye, donnée en 1828, à Sa Majesté Ferdinand. Cette phrase est écrite derrière la voiture :

Con su industria los honores
Hace Vizcaya gustosa
A Fernando V y a su esposa
Sus legitimos señores.

La Biscaye joyeuse rend,
Avec son industrie,
Les honneurs qui sont dus à Ferdinand V et à son
épouse,
Ses légitimes seigneurs.

La Monnaie de Madrid, que son *contador* (directeur), M. *Don Mariano de la Pedrueza*, m'a fait visiter, avec une complaisance dont je ne saurais trop le remercier, est composée de deux bâtiments, placés l'un en face de l'autre, des deux côtés de la rue qui mène à la porte de Ségovie. Un des bâtiments est excessivement vieux, et date du temps des Maures. La bibliothèque royale est située sur la place de l'Orient du Palais, au coin de la rue de *la Bola*. L'intérieur est rempli de peintures et d'ornements, surtout la salle qui renferme les œuvres des *Pères de l'Église*, et qui est toute de noyer, avec des colonnes à chapiteaux dorés. Cette salle a appartenu autrefois au prince de la Paix. La bibliothèque royale de Madrid est riche en livres et surtout en manuscrits ; mais ce qui mérite principalement l'attention des visiteurs, c'est le *Musée des médailles*, dans la salle du trône. Il faut le regarder comme une des premières galeries de l'Europe, comme la première peut-être. Elle a commencé à se former avec la fameuse collection de l'abbé Rotlein d'Orléans, et s'est augmentée depuis, au point de posséder actuellement plus de cent cinquante mille médailles grecques, romaines, arabes, etc., en or, argent, cuivre et fer. Elles sont toutes parfaitement classées. J'avoue mon faible pour la numismatique. Aussi n'ai-je pu me lasser de contempler une collection complète et magnifique des monnaies de tous les rois de Grenade. Où pourrait-on trouver, ailleurs qu'à Madrid, une si précieuse série? De l'imprimerie royale et de la calcographie, il n'y a rien de bien important à dire. L'architecture du bâtiment est assez médiocre. A l'intérieur, l'établissement ne peut supporter la moindre comparaison avec notre imprimerie royale.

Continuer à énumérer ainsi les principaux établissements de Madrid, serait chose fort peu récréative. Mieux vaudrait dire quelques mots sur l'état de Madrid en général. Je les réserve pour ma conclusion. Je vais, pour le moment, faire une promenade au *Retiro* particulier, ce jardin où la reine se rend tous les jours, et où l'on ne pénètre qu'avec des billets.

La réputation du Retiro ne le cède en rien à celle du Prado. Nous étions six, lorsque nous allâmes le visiter. Philippe IV, cédant aux instances de son ministre Olivares, acheta tout le terrain qu'occupe ce royal séjour. Il éleva le palais, et fit planter les jardins. Il voulut en faire une résidence des plus agréables, et d'autant plus commode qu'on pouvait s'y rendre sans sortir de Madrid. Ses successeurs, Ferdinand VI principalement, travaillèrent à l'embellissement du Retiro, qui devint, assure-t-on, du temps de ce dernier monarque, une ville magique dans la ville ordinaire, ornée de grands jardins. Une église, un théâtre, un observatoire, etc., composaient le *Buen-Retiro*. La statue en bronze de Philippe IV, exécutée par Pierre Tacca de Florence, d'après l'ordre du duc de Toscane, et sur les dessins du fameux Velasquez, attire l'attention par sa grandeur plutôt que par sa valeur artistique. Le *salon asiatique*, à l'extérieur rustique, à l'intérieur oriental; la *maison du pauvre*, chaumière meublée avec toute la couleur locale imaginable, et où les paysans jouent un rôle mécanique, mus qu'ils sont par des ressorts secrets; la *maison des oiseaux*, la *montagne artificielle*, surmontée d'un petit belvédère d'où se voient parfaitement bien la capitale et ses environs; un *étang* où les princesses font des parties sur l'eau; une *ménagerie* peu considérable, — telles sont les différentes stations de ce *petit Trianon* espagnol. La reine y cultive elle-même un coin de terre, qu'elle appelle son jardin; elle y a sa volière, et deux ou trois cerfs-volants dont, sans aucun doute, elle ne fait plus usage. En la présente année 1842, le Retiro n'est pas en bon état, et je ne puis en parler que d'après ce que j'ai vu. A peine si les jardins sont entretenus, et si les ornements indispensables à cette résidence sont remplacés lorsqu'ils viennent à dépérir.

Au *Casino de la reina*, situé près de la porte des

ambassadeurs, c'est bien autre chose encore. Cette maison de plaisance, donnée par la ville de Madrid à la défunte reine Isabelle de Bragance, était autrefois un séjour délicieux. Elle possède un jardin accidenté, rempli d'arbres (et les arbres sont chose si rare et si précieuse à Madrid!) au milieu duquel serpente une rivière factice, avec un petit pont. Rien de coquet, de gracieux, comme les appartements du Casino. Un magnifique plafond de Vicente Lopez, peint en 1818, représente allégoriquement tous les plaisirs qu'on peut trouver dans cette demeure royale. Une superbe table en mosaïque, est sensément couverte de coquilles qu'on serait tenté de prendre avec la main. C'est le plus parfait ouvrage que j'aie jamais vu en ce genre. Une foule de petits plafonds délicatement faits; des rideaux de soie lamée d'argent, des tables d'agate, des salons pavés de marbre blanc, dont un orné d'un petit bassin et d'un jet d'eau, — qu'on se figure ce que tout cela offre de charmant et de délicieux. Mais, par malheur, le Casino est inhabité, non fréquenté même; la tristesse la plus désolée y règne. Que de richesses perdues et inutiles! On ne danse plus jamais dans cette salle de bal, qui est aussi une serre. Le Casino est plein des souvenirs de la reine Christine, et c'est peut-être pour s'épargner des larmes qu'Isabelle II ne s'y rend presque jamais.

Enfin, et pour terminer notre aperçu sur Madrid monumental, nous devons dire un mot du *Palais de la reine*, et de l'*Hôtel du duc de la Victoire*. L'ancien palais de *Buena-Vista*, qui fut longtemps le musée militaire, sert aujourd'hui de demeure à Espartero. Le palais fut construit, dans l'origine, par les ducs d'Albe, et fut acheté plus tard par la ville, pour être donné en présent à Don Manuel Godoy, prince de la Paix. L'architecture en est noble et simple. Nous avons remarqué une foule de factionnaires montant la garde aux portes de l'Hôtel, qu'il nous eût été bien difficile de voir à l'intérieur. A la grille qui donne sur la rue, deux sentinelles se croisent, et veillent sur le régent. Le Palais de la reine est un monument grandiose et inachevé, comme le sont presque tous les palais des souverains en Europe. Il est situé dans la partie la plus occidentale de la ville, sur le même emplacement qu'occupait autrefois le fameux *Alcazar de Madrid*. Il est impossible de décrire cet édifice immense. Le style architectonique en est d'une pureté irréprochable, soit à l'extérieur, soit à l'intérieur. Néanmoins, l'effet que produit le palais de la Reine, a quelque chose de froid et de triste. Les escaliers, les galeries, les appartements méritent d'être visités avec attention. Mais ce qui nous frappa plus que toute chose, ce qui nous préoccupa pendant la visite que nous fîmes au palais de la reine, ce fut une certaine porte qu'on nous montra, dans les appartements de la grande entrée. Elle donne dans la chambre d'Isabelle II, et elle a été macérée par les balles, lors de la révolution qui éclata en septembre. Les gardes de la reine nous expliquèrent comment les choses s'étaient passées, avec politesse, mais tristement. L'affaire de Diego Léon est un événement dont Madrid conservera toujours la mémoire, et sur lequel plane un secret que le temps seul pourra faire découvrir.

Somme toute, Madrid est une jolie ville, animée, bien bâtie, pourvue de promenades, et où le plaisir a des temples nombreux. Je ne vous ai pas parlé de ses portes, qui sont toutes remarquables. Je ne vous ai dit mot de son pont de Tolède, si beau et si monumental, et qui aide à enjamber cette plaisanterie de fleuve qu'on nomme le Manzanarès. Je n'ai cité qu'un monument sur dix, je n'ai donné que des exemples, et voilà tout. Aux environs de Madrid sont des sites fort curieux à voir, tels que la *Florida, el Pardo*, et la Moncloa.

La *Florida* est un jardin qui, ainsi que l'indique son nom, est plein de fleurs. C'est Charles III qui l'a fondé. Sous Charles IV, il a eu son apogée, ou plutôt sa vogue. Mais il est peu fréquenté de nos jours. On y rencontre plus de lavandières que de grandes dames, et cela est dû à l'éloignement où il est de la ville. *Le Pardo,* lui, est une résidence royale d'hiver, située à deux lieues de Madrid, Le *Pardo* vaut la *Moncloa*, la *Moncloa* vaut le *Pardo*. Ce sont des lieux de plaisance, richement ornés et meublés, peu fréquentés à l'heure qu'il est. La Moncloa et le *Pardo*, forment avec *Aranjuez* et la *Granja*, les quatre résidences des rois d'Espagne, une pour chaque saison. Combien cela sent le grand seigneur, la monarchie du premier rang!

Où est le temps où les rois d'Espagne jetaient l'or par poignées, et comptaient les jours par les fêtes? Nous savons que l'Espagne, alors, aimait peu les étrangers. Elle se refusait presque à toute innovation qui avait pris naissance ailleurs que chez elle. Un patriotisme sans égal, poussé trop loin souvent, avait valu à ses habitans la réputation d'hommes farouches et insociables, jaloux des étrangers, les recevant assez mal, et leur disputant, pour ainsi dire, la faculté de visiter un des plus magnifiques pays qui soit au monde. Pour mon compte, je ne sais si tout cela était vrai ou faux jadis; mais, aujourd'hui, j'affirme que la société espagnole est aimable et de commerce facile. Madrid moral me semble valoir au moins Paris. Depuis le premier jusqu'au dernier échelon de l'échelle sociale, il supporte comparaison.

Madrid moral.

J'avais quelques connaissances toutes faites, à Madrid, et quelques connaissances à faire, au moyen de lettres de recommandation. A peine arrivé, je me mis en quête pour remettre ces lettres à leur adresse. Un voyageur est un volontaire dans l'armée des facteurs. S'il a trois jours à passer dans une ville, deux jours et demi au moins devront être employés par lui, pour s'acquitter de commissions, porter tel petit paquet à M. un tel, telle épître à Madame une telle, etc., etc. Quand je dis *volontaire*, je m'entends. L'expression réquisitionnaire vaudrait mieux. Partez demain, et aujourd'hui une foule d'individus, plus ou moins vos amis, vous prieront de leur être agréable, de telle façon qu'il vous sera impossible de leur rien refuser, sans passer pour un égoïste, ou pour un homme grossier. Mes lettres de recommandation m'ont presque toutes servi, à moi. J'en avais bonne idée. Je les portai avec zèle. Une d'elles, adressée à M. *Mesonero Romanos*, littérateur espagnol, me mit en excellente humeur. Je baragouinais la langue castillane, comme chacun a pu s'en convaincre par la lecture de ce voyage. Chemin faisant donc, je bâtissais à grand' peine ma phrase d'introduction auprès de M. Mesonero. Je montai l'escalier d'une maison d'apparence confortable. Je frappai à une porte, au moyen d'un énorme marteau de fer placé au-dessous d'un petit guichet grillé, comme on en trouve à la porte des couvents. Le petit guichet s'ouvrit. Une charmante tête de jeune fille m'apparut au travers. Elle me demanda, en espagnol, à qui j'avais affaire, M. *Mesonero* demeurait à l'étage inférieur. La jolie *señorita* ouvrit sa porte, fit quelques pas sur le pallier, et, d'une part, fixant sur moi ses grands yeux noirs, de l'autre, me montrant la porte où je devais frapper, me salua avec une amabilité exquise. Un instant après, elle était rentrée dans son appartement. Je recommençai mon manége. Un guichet s'ouvrit, et je lançai au nez d'une bonne vieille servante... ma phrase espagnole la plus littéraire.

— *El señor Mesonero Romanos està aqui?* (M. Mesonero Romanos est-il ici?)

— *Si señor.*

La servante me fit entrer dans un petit corridor où *M. Mesonero* vint lui-même me chercher. Je lançai une seconde phrase, en lui présentant une lettre.

— *Una carta....*

Apparemment, il était facile de voir que je n'étais pas espagnol, car mon hôte me prit par la main, en me disant :

— Parlez français, Monsieur.

Je n'imagine rien dont j'aie pu alors être plus charmé. J'étais à même de tenir une belle et bonne conversation suivie! Nous causâmes. *M. Mesonero* a longtemps habité la France. Il appartient à cette classe d'Espagnols qui ont vu Paris, et qui implantent chaque jour notre civilisation en Espagne. Il m'offrit ses services, et, entre autres recommandations, me pria d'être juste, si j'écrivais sur son pays. *M. Mesonero* connaît les mœurs espagnoles comme Balzac connaît la société française. Ses *Scènes madridaises* en sont à leur troisième édition, succès tout à fait extraordinaire à l'heure qu'il est, au delà des Pyrénées. Il m'engagea à visiter tous les quartiers de Madrid, les plus laids comme les plus beaux. C'est le seul moyen de connaître la physionomie véritable d'une ville, et je ne me repens pas d'avoir suivi ces conseils.

De là, je me rendis chez M. *Ramon Navarette y Landa*, auteur de *Don Calderon*, drame d'un grand mérite. Mêmes précautions, mêmes soins de ma part, pour formuler ma phrase d'introduction. Même résultat aussi. M. *Navarette* parle français. Ce jeune littérateur, que je puis appeler mon ami, me fit obtenir l'entrée à l'*Ateneo* de Madrid. Cet *Ateneo*, fondé par l'élite de la littérature, est à la fois une école, une bibliothèque, et un salon de lecture. Presque tous les journaux français s'y trouvent, et l'on y compte un bon nombre de gazettes étrangères. Comme on voit, c'est là un vaste et utile établissement, un lieu de réunion pour les notabilités de Madrid, un centre tel qu'il n'en existe pas à Paris, où les cercles sont des assemblées de quartiers. Je goûtais fort l'*Ateneo;* là je me retrouvais en France, au moyen de la lecture de nos feuilles publiques. Ah! l'on comprend aisément l'influence de la presse, quand un journal tombe sous la main, à quatre cents lieues loin du pays où l'on est né! L'éloignement donne de l'importance au moindre fait. Un article du *Constitutionnel* même a des charmes. Grâce encore à M. *Navarette*, j'eus un billet pour voir la *Florida* dont j'ai dit quelques mots plus haut. Puis, nous nous rencontrions parfois, le soir, à la promenade du Prado. Je lui parlais *salon* et rue d'*Alcala;* il me répondait *Tuileries*, et *boulevard des Italiens*. Car il est venu deux ou trois fois en France, et il aime la France comme tous les Espagnols qui l'ont visitée.

J'ai fait de longues et nombreuses courses dans la capitale des Espagnes. Je me suis promené, à dessein, dans les quartiers perdus, près des portes, dans les faubourgs, dans les marchés. Je me rappelle même avoir fait le tour de la moitié de Madrid extrà-muros. Le peuple n'a pas de barrière, où il aille danser, comme à Paris. Cependant, il y a quelques bals publics, très-curieux à voir. Les danses y sont très-caractéristiques, mais point indécentes. Le peuple aime beaucoup à entendre chanter dans les rues. Il est sobre jusque dans ses plaisirs. Je n'ai pas rencontré un seul homme ivre, à Madrid. En revanche, à Burgos, la *padrona* de l'hôtel où nous descendîmes avait pris plus que sa dose, car elle trébuchait, et voulait, à toute force, embrasser notre compagne de voyage, que ce débordement d'amitié ne satisfaisait pas le moins du monde.

Je l'avoue, je ne crois guère à tout ce qu'ont dit les voyageurs, mes devanciers, sur l'état de corruption où est Madrid. A les entendre, grisette ou duchesse leur donnent, le soir, des rendez-vous d'amour. Les beaux yeux des *señoras* ne s'ouvrent que pour eux. Autant de jours, autant de conquêtes. Ils mettent en pratique toutes les petites intrigues de nos comédies, et veulent qu'on les tienne pour des *Don Juan* ou des *Almaviva*. Heureux mortels! il me semble, à moi, qu'à Madrid comme ailleurs, les femmes ne se jettent pas à la tête des hommes, et qu'il s'y trouve plus de *vertu* qu'on veut bien le dire. La familiarité y est plus grande qu'à Paris, dans l'intimité. Les *tertullas* sont formées de cavaliers galants, qui n'ont pas toujours la prétention d'avoir obtenu les bonnes grâces d'une *señora* parce qu'ils lui ont adressé un compliment, espèce de fatuité très-commune chez nous.

Rien de gracieux et de spirituel comme la conversation des dames espagnoles. Elles ont une éloquence naturelle, dont leurs gestes, leurs regards forment l'action. Pourquoi interpréter mal leur amabilité, et croire façons galantes des façons familières? Je me rappelle avoir été rendre visite à M. le marquis de

G.... un des hommes les plus riches de Madrid. Il était absent. Sa fille nous reçut, absolument comme aurait fait une dame mariée, et causa avec une aisance rare. Quelquefois, cependant, le laisser-aller des femmes espagnoles va un peu au delà des limites, et devient du sans-gêne. Mais ce sont là les exceptions. Un certain air mystérieux et fier ajoute encore à la beauté d'une Espagnole, et jette de l'intérêt sur sa personne. Il y a en elle comme une énigme qu'il faut deviner. Son esprit, souvent moqueur, vous déroute. Adressez-lui un compliment. Elle sourit. Est-ce un sourire de contentement ou bien d'incrédulité? Ni l'un, ni l'autre. Fat que vous êtes! vous avez mal prononcé quelques mots, voilà tout. Et quel désappointement! Je me suis trouvé, à Madrid, avec des jeunes gens, étrangers comme moi, qui prenaient de bonne foi ce sourire-là pour une avance, et qui *soupiraient*, au Prado, derrière une de ces belles *señoras*, qui riaient, sous leur mantille, « du galant français amoureux de leur œil noir. » Soit dit, toutefois, sans offenser les *manolas* et quelques Madridaises romanesques, pour qui les aventures d'amour avec un étranger, un Français surtout, continuent toujours d'être le plus beau chapitre du roman de leur vie. Soit dit encore, sans nier ces situations exceptionnelles, qui se rencontrent aussi bien en France qu'en Espagne.

Les Espagnols, il faut les voir à la promenade, ou, simplement, à la *Puerta del sol*. Ils sont vifs, coquets, sémillants, grands parleurs. Les coutumes et les modes étrangères leur plaisent. L'influence morale de la France se fait partout sentir chez eux. Outre l'habit français, qu'ils ont malheureusement adopté, ils s'accoutument aux mœurs de Paris, telles qu'elles sont importées à Madrid, au bout de quelques mois. Ils sont généralement fumeurs de cigares ; la pipe semble leur être inconnue. La loterie existe encore. Les Espagnols fréquentent assez les cafés, et ne sont pas ennemis du plaisir. Quant à leur antique réputation d'hommes dévots, ils l'ont perdue, et ne vont pas plus aux églises que nos Français. Ç'a été là une de mes grandes surprises. Une réaction religieuse extraordinaire s'opère en Espagne, en ce moment. Il est même difficile de savoir où elle s'arrêtera.

Si la grande et moyenne société de Madrid est d'un commerce honnête et agréable, en revanche, les mœurs du bas-peuple sont pitoyables : c'est un mélange de grossièreté et de libertinage. Il est brave jusqu'à la témérité, ennemi du travail, qu'il supporte pendant quelques jours seulement pour en dépenser le produit les lundis et dimanches, dans les tavernes et à l'amphithéâtre des taureaux. Les femmes de leur bord sont dignes de tels amants. Leur esprit naturel se change en effronterie. Leurs grâces deviennent l'objet d'un vil trafic. Les *Manolas*, accoutumées aux trahisons de leurs perfides amoureux, se font aussi un jeu de les tromper. Accoutumées à être maltraitées par eux, elles les maltraitent à leur tour. Pour les uns et pour les autres, la raison la meilleure est le bâton, l'argument le plus puissant la *navaja* (le couteau). Le gouvernement a fort à faire pour les maintenir dans les bornes voulues. — Ce tableau des mœurs populaires à Madrid est traduit[1]. Je n'aurais pu avancer de pareilles affirmations avec connaissance de cause. Je crois, comme l'auteur du Manuel de Madrid, qu'une éducation bien entendue pourra réformer un peu le scandale de ces mœurs. Mais le temps de cette réforme est sans doute fort éloigné encore. Absorbé qu'il est par les questions politiques, et par les désastres financiers, le gouvernement actuel de l'Espagne ne s'occupe guère de moraliser les masses. L'homme du peuple, à Madrid, restera longtemps ce qu'il est aujourd'hui. En certaines circonstances, il a montré de l'héroïsme, notamment en 1812, lorsque les Français évacuèrent la capitale, après la bataille de Salamanca.

Mais je m'apercois que j'oublie de raconter mes aventures de voyageur, pour entrer dans les détails historiques, et dans les considérations morales. Je reviens à *moi*.

S'il vous en souvient, lecteur, je suis logé à l'hôtel de *la Amistad*. Logé dans un hôtel! à Madrid! quelle faute! Et pourquoi, s'il vous plaît, ne nous étions-nous pas adressés à une *casa de huéspedes?* Une *casa de huéspedes* est une maison dont les hôtes cèdent une partie, meublée, à des voyageurs. Une somme est convenue pour prix de la nourriture. On vit à meil-

[1] Voir le *Manual de Madrid*, *descripcion de la corte y de la villa*, par D. Ramon de Mesonero Romanos, p. 59 de la deuxième édition.

leur marché que dans les hôtels. De plus, c'est, pour l'étranger, chose fort agréable, que de trouver tout à coup une sorte de famille improvisée. Les hôtes de la maison prennent intérêt à lui; ils lui indiquent les monuments curieux à voir. Ils font, en un mot, les honneurs de leur ville. Ce ne sont plus là des soins mercenaires. Vous êtes ami de la maison. Votre cause devient celle de votre hôte. Il vous assiste de ses conseils; au besoin, il vous prête le secours de son bras. Les *casas de huéspedes* sont nombreuses à Madrid, qui a une population d'employés. Par ce moyen d'agir avec les étrangers, le loyer et la vie leur reviennent moins cher. Depuis les simples cabinets meublés jusqu'aux appartements les plus somptueux, il est facile de choisir. Pour quatre réaux par jour, on trouve un honnête logement et des hôtes de modique fortune, chez qui la vie doit être fort agréable. Comme moyen de reconnaître les *casas de huéspedes*, j'indique celui-ci : l'écriteau des appartements à céder est placé à l'extrémité des balcons des maisons, et non au milieu, comme lorsqu'il s'agit de louer un appartement selon la manière accoutumée.

J'aurai toujours regret de ne m'être pas installé dans une de ces maisons. A l'hôtel, où nous nous trouvions assez bien logés et servis, nos repas *à la française* ne tardèrent pas à nous rassasier avant même que nous y eussions touché. A chacun ses instincts. Sir James Rennell Rood, dont j'ai parlé en écrivant sur Grenade, nous tira d'embarras. Il demeurait avec nous, à l'hôtel de *la Amistad*. Il n'y dînait pas. Comme nous lui en manifestions notre étonnement, en ajoutant que notre nourriture n'avait pas le don de nous plaire, *sir* James (et c'est ici qu'il faut répéter cette phrase : A chacun ses instincts), sir James nous indiqua un *restaurant français*. Qui pourrait s'imaginer la joie du jeune *gentleman*, qui avait plus d'une fois dîné chez Véfour, à Paris? Un restaurant français! Sir James s'empressa de faire passer dans notre âme, — j'allais dire dans notre estomac, — le contentement qu'il avait ressenti dans la sienne. Je crois me rappeler même qu'il nous conduisit en personne à la *Pasteleria de Paris* (pâtisserie de Paris), située dans la *Carrera-San-Geronimo*. Ce restaurant est tenu par M. Hardy, Français, sur un pied tout à fait convenable. Les voyageurs de distinction le fréquentent, et bien des Français résidant à Madrid, rebelles à la cuisine espagnole, y envoient chercher leur repas. Qu'on n'aille pas croire, néanmoins, que les mets préparés par les cuisiniers de M. Hardy soient tous sans reproches. Le vin sent la peau d'outre, ou coûte fort cher; l'huile y est modiquement raffinée, bien qu'elle vienne en droite ligne de Valence; les épices endommagent les ragoûts. Il s'agit là de cuisine franco-espagnole; chez *Luis*, à notre hôtel, nous mangions de la cuisine espagnole-française. Telle est toute la différence. D'ailleurs, le personnel de la maison est en harmonie avec ses produits. La servante principale est Française, l'aide domestique est Sévillien.

Ces détails pourront paraître oiseux à ceux qui me

liront tranquillement assis dans leur fauteuil, et bien décidés à ne franchir jamais la frontière ; mais pour ceux qui voudraient voyager, ils me semblent indispensables. Un dîner appétissant est chose fort nécessaire en voyage. Pour bien voir, il faut avoir bien mangé. L'esprit souffre de ce que l'estomac a souffert.

Cependant, nous n'avions plus que quelques jours à rester à Madrid. Un de nos compagnons de voyage, pressé de retourner en France, avait retenu sa place au courrier : il devait partir avant nous. A minuit avait lieu le départ. Il disposa ses malles. Le soir venu, il ne voulut pas se coucher. Antonio, le domestique italien dont j'ai parlé, lui dit :

— Pourquoi ne vous couchez-vous pas, monsieur ?

— Parce que je dois partir à minuit.

— Qu'importe, monsieur ? couchez-vous toujours. Je resterai là. J'aurai soin de vous éveiller quand il en sera temps.

— Bien sûr ?

— Bien sûr.

— Au fait, dit notre compagnon, je suis fatigué. Un peu de sommeil me reposera. Antonio ! puis-je compter sur vous ?

— Oui, monsieur.

— A minuit. N'allez pas laisser passer l'heure !

— Non, monsieur ; car je ne dormirai pas.

Et nous nous couchâmes tous sur la foi des traités. Antonio allait d'une chambre dans l'autre, rangeant par-ci une malle, par-là un carton à chapeau. Son zèle nous émerveillait. Notre ami, comprenant fort bien que de semblables attentions méritaient récompense, s'endormit en promettant à Antonio un pourboire. Et Antonio, de son côté, savait que l'on ne serait pas ingrat cnvers lui, que le voyageur, son maître, était généreux, et qu'il pouvait compter au moins sur un *douro*. Il était neuf heures et demie environ. Nous nous fîmes les premiers adieux.

— Antonio! surtout ne m'oubliez pas!

— Non, monsieur; soyez tranquille.

Au plus fort de notre sommeil, Antonio nous réveilla. L'heure du départ était passée. Antonio s'était endormi sur une chaise, le malheureux! Il voulut nous donner le change, et affirma que c'était juste le moment de partir, mais qu'il n'y avait pas encore de retard. Espérant encore, notre compagnon s'habilla à la hâte, prit son manteau, et chargea Antonio de son carton à chapeau. Une heure s'écoula sans que nous les vissions revenir. Il n'y avait pas lieu de s'inquiéter, comme on pense. Antonio avait raison. Nous nous étions alarmés en vain. Tout à coup, un bruit assez violent se fait entendre. Nous entendons la voix de notre ami qui tonne; la porte de l'appartement s'ouvre; c'est fini! la voiture est en route, et le voyageur reste.

—Antonio! s'écria notre ami en colère, vous paierez ma place, misérable! A-t-on jamais vu une pareille chose! Promettre de réveiller un voyageur et s'endormir sur une chaise à ses côtés! Domestique du diable! Antonio! vous paierez ma place!

Il est bon que le lecteur ne perde pas de vue ce point

essentiel qu'en Espagne, les places, dans les diligences, sont payées *entièrement* d'avance. Notre ami continuait :

— Cent francs perdus ! et l'on m'attend à Bayonne! scélérat d'Antonio !

— Mais, monsieur, je vous demande pardon...

— Taisez-vous, homme sans cervelle. Ah ! j'étouffe de colère et suis rompu de fatigue ! M'avoir fait courir comme un sot après la voiture, à une demi-lieue loin de la ville ! M'avoir soutenu qu'il ne s'agissait que d'un léger retard ! M'avoir exposé à être dévalisé par des hommes de mauvaise mine qui se sont emparés de mes effets pour me rendre service, pour courir avec moi, et qui auraient bien pu m'en *débarrasser* de la bonne manière ! Me voyez-vous courant au milieu de la plaine, dans un nuage de poussière ! Quel ennui, mon Dieu!... Quel hôtel ! Pourquoi M. *Luis* ne s'est-il pas chargé de me faire réveiller ? C'est odieux, abominable, inouï, du dernier ridicule... Corbleu ! me voici là, dans cette chambre, à pester, tandis que la voiture roule toujours! Pourrai-je trouver une place promptement, maintenant qu'elles sont si rares, à cause des courses de Vittoria?... Allez-vous-en, satané Antonio ! Ne restez pas devant moi. A présent, quand serai-je à Bayonne?... c'est-à-dire que c'est désolant!.. Me coucher! être forcé de me coucher ! tout cela pour avoir compté sur cet Antonio... Il y a de ma faute, aussi. Comment ai-je pu me confier à un pareil imbécile ? J'ai dormi trois heures... Cela m'a beaucoup servi. Oui... Dire que je ne suis pas parti !

Rêvé-je?... Antonio! je vous ai dit de sortir.... Allez-vous coucher, brave homme. Nous vous dispensons de revenir demain, entendez-vous? Faites nuit grasse... continuez votre somme. Demain, vous me demanderez *para la propina*... Néant pour vous... par exemple! un pour-boire! j'aimerais mieux m'aller pendre tout à l'heure... Il est bienheureux que je ne lui fasse pas payer ma place, le misérable!...

Ainsi s'exhalait le désespoir de notre compagnon de voyage. Je jure qu'il eut tous les tons imaginables, — qu'il fut éloquent, qu'il fut dramatique, qu'il fut ironique, qu'il fut parfois terrible. Je priais Dieu en faveur du pauvre Antonio, qui demeurait confus à la porte de l'appartement, les yeux baissés, la bouche ouverte, les bras ballants. Après que l'ordre lui en eut été intimé pour la seconde fois, Antonio se retira. Chacun de nous se rejeta dans les bras du sommeil. Moi, dont le lit n'était séparé que par une mince cloison de celui de l'infortuné voyageur, j'entendis les derniers murmures de sa plainte. Il s'endormit, en laissant échapper de temps à autre, quelque sourde malédiction contre Antonio. Je ne parle même pas de plusieurs gros mots qui font partie du langage de la colère. C'étaient des phrases entrecoupées... « C'est vexant... » « Etre ici!... » « l'imbécile! etc., etc. » Si bien que ses dernières imprécations se confondirent avec ses premiers ronflements, et qu'il eût été difficile, pour ne pas dire impossible, dans un certain moment, d'affirmer qu'il maugréât ou qu'il dormît.

Je lui en demande bien pardon ici, mais, quant à

moi j'étouffai mes éclats de rire sous ma couverture.

Dans son malheur notre ami fut heureux, il trouva une occasion pour partir le lendemain. Il en fut donc quitte à bon marché, pour un jour de retard. Sa colère se passa. Antonio reçut un *douro*, malgré sa triste équipée. Que la terre lui soit légère!

Huit jours après, nous-mêmes nous quittions Madrid. Ne pouvant, par des circonstances indépendantes de notre volonté, mettre à exécution le magnifique projet de revenir en France par Cadix, et par toutes les villes de la côte d'Espagne, nous reprenions piteusement le chemin de Bayonne. Nous avions d'ailleurs, voyagé avec une ardeur peu commune. Deux jours nous avaient souvent suffi, pour voir ce que d'autres personnes ne verraient pas en une semaine. Zurbano, proconsul en Catalogne, s'y conduisait de façon à motiver les derniers troubles de Barcelone, ce qui nous engageait peu à rentrer en France par Perpignan. Nous avions une dame avec nous, et, quelque brave, quelque courageuse, quelque forte qu'elle fût, il n'était pas prudent, néanmoins, de lui faire traverser une province révolutionnée.

Il fallut donc traverser une seconde fois la Nouvelle et la Vieille-Castille, la province d'Alava et la Biscaye; repasser le pont de Béhobie, et jeter un dernier coup d'œil sur la chaîne des Pyrénées.

C'est ici le lieu de nous résumer sur l'Espagne.

L'Espagne, si peu connue et dont on parle tant, ne nous paraît pas avoir été, jusqu'alors, jugée avec impartialité ou avec sang-froid. Nous avouons qu'elle a toutes nos sympathies. Sous le rapport pittoresque, quel autre pays lui pourrait être préféré? Sous le rapport intellectuel, elle ne sommeille pas tant encore que certaines gens veulent bien le dire. Elle est dans l'enfantement d'une grande politique, cimentée par le sang des guerres civiles, et par les désastres inséparables des révolutions. Nous avons visité l'Espagne en artiste, en observateur surtout. Rien n'y est stable, mais les esprits sont lassés, et veulent arriver à une fixité quelconque. Chacun est dans l'attente. Le jour approche où bien des espérances se réaliseront. Et cependant, qui oserait affirmer que l'Espagne ait accompli ses dernières révolutions! N'est-il pas croyable, au contraire, qu'une secousse terrible mettra fin à cette anarchie qui la désole? Ce sont-là de ces problèmes politiques qui se résolvent d'eux-mêmes. En parcourant l'Espagne, l'artiste y cherche, avant tout, des souvenirs. L'observateur se préoccupe de l'avenir, et demeure mécontent du présent. Ah! qu'on ne parle donc plus à tort et à travers de ce pays, sans le connaître! Qu'on reste dans le vrai. A quoi bon l'exalter ou le calomnier. Son malheur exige qu'on le juge gravement. Si nous ne nous sommes pas appesanti plus souvent, dans cette courte relation, de l'état politique et social de l'Espagne, c'est que nous pensions que ce serait, de notre part, une témérité condamnable. Un *été* passé *en Espagne* permet à peine qu'on connaisse la nature, le style du pays, si l'on peut dire ainsi. Plus tard, nous l'espérons, lorsqu'un second voyage nous aura plus profondément initié aux mœurs de la Péninsule, nous examinerons quelques questions importantes soulevées à cause d'elle. Nous n'avons traité que superficiellement la patrie des Olivarès, des Mariana et des Calderon.

Retour en France.

Bien qu'on ne soit resté que quelques mois dans ce pays étranger, la vue des frontières de France est vraiment douce au cœur. Ce n'est pas une fiction poétique que l'amour de la patrie. Qu'un ruisseau seulement nous sépare d'elle, et, après l'avoir franchi, une joie unique, un tressaillement dans tous les membres, un certain charme inexprimable nous avertissent que nous touchons le sol du pays. Mille raisons, d'ailleurs, rendent plus sensible qu'aucun autre le retour d'Espagne en France. Du désordre, du trouble continuel, des craintes vraies ou exagérées, on se trouve transporté dans un séjour d'ordre, de calme et de sécurité. On sait quelles lois régissent les citoyens. On parle la langue de ceux avec lesquels on vit. On est accoutumé à leurs modes, à leurs habitudes, on a les mêmes espérances qu'eux. On parcourt des pays cultivés et riches. Pas de villages déserts, comme au delà des Pyrénées. Mais surtout, — sur cent voyageurs, quatre-vingt-dix feraient valoir cette raison immense,— la cuisine n'est point espagnole. J'en connais qui, pressés de renouer connaissance avec les mets français, n'ont pas attendu leur arrivée à Bayonne, pour se restaurer. A Béhobie même, ils ont noyé dans un verre de Jurançon le chagrin qu'ils avaient ressenti naguère à boire du vin sentant la peau de bouc. Ils ont voulu comparer le poulet cuit dans l'eau de la Castille, avec le poulet rôti de la Gascogne. Et quel appétit! Depuis Burgos, ils ont jeûné volontairement. Je suis sûr qu'en rentrant en France, bien peu de voyageurs s'arrêtent pour prendre leur repas à Irun.

Cet effet produit sur le gastronome par la vue de la France, gît peut-être plus dans l'imagination que dans la réalité. Ce n'est pas à moi qu'il appartient de décider à cet égard. J'ai fort patiemment attendu que je fusse arrivé à Bayonne, et je n'ai pas jeûné volontairement depuis Burgos. Mon dernier repas espagnol, je l'ai pris à Vitoria, et je dois dire que j'en ai été très-satisfait.

Comme le lecteur l'a vu, la Bidassoa sépare l'Espagne de la France. La sentinelle française pourrait parler avec la sentinelle espagnole. Les Pyrénées sont là, toujours imposantes, toujours magnifiques d'aspect. Cependant, nous ne les admirons plus autant qu'à notre premier passage. La Sierra-Morena nous a rendus plus froids à l'endroit des montagnes. Nous ne retrouvons pas là cette nature sauvage qui nous a tant étonnés aux environs de Valdepeñas. En revanche, aucun repli de la vaste chaîne n'est perdu ou seulement oublié. Des maisonnettes s'élèvent en tous lieux. Ces montagnes sont peuplées. A peine, quelques défilés offrent du danger à cause des voleurs. La contrebande seule exploite ce pays.

Il est difficile de se figurer jusqu'à quel point, il y a plusieurs années notamment, la contrebande était audacieuse dans les Pyrénées. Les dernières mesures prises par Zurbano et d'autres généraux ont amorti son courage. Mais, alors, Français et Espagnols s'entendaient à merveille, dans le but de tromper les douanes. Du côté d'Oloron, certains entrepreneurs de contrebande avaient acquis une immense fortune, et jouissaient d'une belle réputation. Sur le territoire espagnol, les entrepreneurs étaient français; sur le territoire français, ils étaient espagnols. Lorsqu'un négociant voulait faire passer des marchandises prohibées dans l'un ou l'autre pays, il allait trouver ces messieurs, et au moyen d'une prime de quinze ou vingt pour cent, ses marchandises, assurées, passaient la frontière. Les ouvriers contrebandiers, car on peut leur donner ce nom, étaient des hommes d'une nature vraiment exceptionnelle. On les rencontrait, on les rencontre même encore traversant les montagnes, et biaisant dans leur route. Un paquet sur le dos, et armés d'un fusil, ils se mettaient en défense contre toute espèce de passant, mais sans jamais s'arrêter. Ils ne connaissaient pas la fatigue, le froid, le chaud ou la faim. Ils jouaient avec le danger, et si l'un d'eux était pris, ses compagnons ne s'apitoyaient guère sur son sort, et l'entrepreneur seulement, désolé d'éprouver une perte considérable pour son marché d'assurance, envoyait à tous les diables le contrebandier maladroit. Je le répète, la race des contrebandiers, dans les Pyrénées, n'est pas éteinte, mais comme ils sont aussitôt fusillés que pris, les assureurs deviennent plus difficiles, plus exigeants. On prend assez souvent un autre mode de passage. Une barque pleine de ballots est lancée en mer dans le golfe de Biscaye, et va aborder sur les côtes qui avoisinent Saint-Sébastien ou Bilbao.

Pour rencontrer, présentement, la vraie lignée des hommes de contrebandes, il faut aller en Andalousie, près de Gibraltar. Les Anglais y exercent le métier *en grand*. Pour inonder la pauvre Espagne de leurs produits manufacturiers, ils ne reculent devant aucune injustice et tous les moyens leur sont bons. Quelqu'un, assez versé sur ces matières, m'a appris comment se fait la contrebande anglaise, près de Gibraltar. Des vaisseaux anglais sont toujours en croisière dans le détroit. Leurs navires marchands se placent sous la tutelle de leurs bâtiments de guerre. Des chaloupes, pleines de marchandises, s'avançent vers la côte, protégées par une corvette ou même par une frégate. Les troupes espagnoles de la côte brûlent du désir de faire feu sur les contrebandiers, mais un obstacle insurmontable se présente et les empêche d'attaquer : en tirant sur les chaloupes, ils pourraient endommager la corvette ou frégate protectrice. Une fois les contrebandiers débarqués, toute crainte d'insulter le pavillon britannique cesse à l'instant. Aussi, les gardes-côtes espagnols poursuivent du mieux qu'ils peuvent les délinquants. Inutiles efforts ! Les montagnes sont près du rivage, et les contrebandiers, fuyant de tous les côtés en même temps, parviennent à leur échapper.

Quelquefois, assure-t-on (et vraiment pareille chose est à peine croyable), lorsque quelques contrebandiers sont arrêtés, les Anglais font main basse sur le premier navire espagnol qui passe à leurs côtés. Ils s'en emparent, et déclarent qu'ils ne rendront les prisonniers qu'en échange des prisonniers anglais. Force est d'accéder à leur demande.

Ainsi, le sceptre de la contrebande actuelle en Espagne appartient aux Anglais, et ses exploits diminuent d'autant ceux des montagnards catalans et navarrais. Ajoutons, d'ailleurs, que cette irruption des produits anglais en Espagne achèvera de ruiner la Péninsule, en détruisant son industrie nationale. Les Français ont fondé des fabriques en Catalogne; les Anglais cherchent à détruire toutes celles qui sont debout. Voilà la différence des deux influences étrangères. Jamais la contrebande française des Pyrénées n'a approché, pour l'audace, même aux jours de sa prospérité, de celle que l'Angleterre ose exercer à Gibraltar.

Sans m'appesantir plus longtemps sur un sujet qui tombe dans le domaine de la politique, et que j'ai été amené à traiter succinctement, de digression en digression, je reprends mon crayon de voyageur, et n'oubliant pas que je rentre en France, je continue à retracer mes impressions.

Je rapportais de Grenade un beau costume national; je rapportais de Madrid quelques gravures des plus beaux tableaux du Musée royal, pour mes parents et mes amis. Rien ne fut saisi. On nous laissa même quelques paquets de cigarettes. Nos malles furent plombées pour n'être ouvertes qu'à Bayonne, et nous fûmes, de la sorte, débarrassés des visites successives que fait la douane sur les frontières.

Un Espagnol, entrant en France avec nous, paya 20 francs de droit, pour une boîte de cigares espagnols. Sa colère est indescriptible. Il la tourna contre lui-même, lorsqu'un des voyageurs lui eut offert un cigare de France, pur Havane, lequel valait mieux que ses cigares.

Pour dernier épisode, arrivé à Béhobie, je citerai la déconvenue d'un jeune peintre français en compagnie de qui je voyageais depuis Madrid. Il avait dans sa bourse pour deux cents francs environ d'or espagnol. Ignorant les règlements de la douane étrangère, notre peintre ne déclara pas son or. Au moment où la diligence commençait à rouler sur le pont-frontière, un douanier interrogea tous les voyageurs de la voiture :

— « Messieurs, personne de vous n'a de l'or sur lui?

— Je répondis que non. J'avoue ici que je n'ai pas souvent de l'or sur moi.

Le peintre, lui, en avait. C'était fort heureux pour lui. Mais, malheureusement, il le déclara.

On le fit descendre, on dressa procès-verbal au poste des douaniers espagnols. Notre compagnon eut beau tempêter, personne ne lui répondit, personne ne parla français. Il fut forcé de se rendre à pied à Irun, accompagné d'un douanier. Il ne comprenait rien à tout cela ; mais enfin, il fallait obéir. Au bout d'une demi-heure, nous le vîmes revenir.

— « Eh bien ! mon cher ami, que vous a-t-on dit là-bas, à la douane ?

— On m'a dit, on m'a dit... que j'en suis pour quarante francs !

— Comment ! pour quarante francs !

— Oui, sur deux cents francs, ils en ont gardé quarante, pour m'apprendre à déclarer mon or, une autre fois, à la douane d'Irun !

— Allons ! vous riez...

— Non, je ne ris pas. Et même, cette confiscation-là me gêne beaucoup. Je n'ai plus que juste, bien juste, ce qu'il faut pour aller jusqu'à Paris, par Bordeaux.

— Nous vous en prêterons...

— Ah ! les voleurs ! les gueux ! quelles lois ont-ils donc ! Ils ont prétendu qu'ils agissaient généreusement à mon égard, et que l'amende légale était beaucoup plus forte ; ah ! si jamais je remets le pied en Espagne ! »

Il raconta sa malencontreuse histoire au *commissaire spécial* de Béhobie, qui n'en parut pas le moins du monde surpris, et qui lui expliqua en détail les étranges raisons de la confiscation. Le jeune peintre n'en demeura pas plus satisfait. Il envoya au diable les douaniers espagnols en général, et ceux d'Irun en particulier.

A quelque chose malheur est bon. Son infortune toucha le cœur des douaniers français qui se piquèrent d'indulgence à son égard, et fermèrent un peu les yeux sur son carton à chapeau rempli, littéralement rempli de cigarettes. Mais que dire à un Français auquel des employés espagnols viennent de confisquer quarante francs ! La clémence est la plus belle vertu des rois, — ce n'est pas une raison pour qu'elle soit la dernière vertu des garde-frontières. Aussitôt remontés en voiture, nous formulâmes, le jeune peintre et moi, une sorte de complainte, où se trouvaient consciencieusement rappelées et décrites — les circonstances de l'or non déclaré, du voyage à pied à Irun, et de la générosité du *douanier français.*

Avec quel plaisir nous avons serré la main aux fantassins, nos compatriotes, montant la garde au pont de Béhobie! Comme ils nous paraissaient gais et heureux! Comme ils avaient bien, cumulativement, et la force morale et la force physique ! En les comparant aux militaires que nous avions rencontrés, pendant notre tournée en Espagne, nous comprenions la différence de la vie du soldat français avec celle du soldat espagnol. Et puis je ne sais si quelques voyageurs, qui ont parcouru un pays étranger, ont fait la même réflexion que moi, mais on éprouve une sorte de douleur, ou au moins une sensation désagréable à rencontrer des soldats qui apprennent à vous détester, à vous braver, à vous maudire, et au besoin, à vous tuer, vous qui ne parlez pas la même langue, et qui avez un drapeau tricolore au-dessus de la mairie de votre ville. Si on leur parle, il faut peser ses paroles pour ne pas les désobliger, en exaltant trop le courage des soldats français.

Avec quel contentement nous nous sommes couchés le soir, dans notre chambre de Bayonne! Nous étions là chez nous. Il semblait que notre sommeil dût être plus calme. Le lendemain matin, jetant un coup d'œil sur les montagnes qui nous séparaient de l'Espagne, nous nous disions intérieurement: «Ici, nous pouvons parler et être compris; ici, nous avons des amis dans tous les habitants,» — et autres lieux communs de ce genre, qui ont quelque nouveauté en pareille circonstance.

Nous avons, pour revenir à Paris, traversé le Béarn, vu Tarbes, Pau et Bouloigne. Nous avons visité Toulouse, et après avoir traversé une partie du Languedoc, le Limousin, la Sologne et la Beauce, nous nous sommes trouvés un dimanche soir, descendus dans la cour des Messageries Lafitte, Caillard et C e. Dire l'effet que produit la capitale, lorsqu'on en a été éloigné assez longtemps, et surtout lorsqu'on revient d'Espagne, c'est chose impossible. On est comme étourdi. On croit être au milieu d'un monde nouveau. Le silence n'est plus le même, le bruit n'est plus le même que là-bas. Telle rue dont on avait oublié l'activité, la rumeur, semble dix fois plus passante qu'avant le départ. Tel monument, qu'on ne voyait plus qu'à travers ce prisme imparfait qu'on appelle le souvenir, semble plus grand ou plus beau qu'auparavant. Des maisons ont été démolies, pendant votre absence; d'autres ont été bâties. Mais, ce qui surtout chagrine votre âme, c'est la perte de quelques objets aimés, que vous avez quittés pleins d'espérance, et que vous ne reverrez plus.

Celui qui était désespéré avant votre départ, a repris courage, et a mis enfin le pied sur la route de la fortune. Vous rendez une visite à toutes les personnes qui vous sont chères. Vous êtes heureux de les revoir. Vous éprouvez un sentiment ineffable de contentement. L'amitié est la moitié de la vie. Et, — c'est là une de vos joies, — vous racontez mille et mille fois votre voyage.

Une de vos amies vous demande si les Andalouses sont aussi belles qu'on le veut bien dire ; et vous répondez : — « Non pas. Je sais des Françaises qui les valent bien, et qui, même, l'emporteraient sur elles. »

Un de vos amis vous demande s'il y a de grands artistes dans ce pays où le soleil, si ardent, doit être si inspirateur ; et vous répondez : « Il en est. Mais j'en sais ici qui ont des pensées telles qu'aucun poëte de la Péninsule n'oserait se poser en rival devant ses œuvres. »

Cet enivrement du voyage dure quelques jours. Un mois se passe sans que le désir de partir vienne tourmenter le voyageur. Mais bientôt, à peine il a repris ses habitudes, à peine il s'est reconstitué prisonnier dans son Paris, que l'ennui le gagne. Ses souvenirs l'obsèdent. Comme je le fais, peut-être il écrit la relation de sa promenade, et, chaque fois qu'il met la main à la plume, il se croit encore sur la grande route. Car, écrire un voyage, c'est le faire deux fois. Tout à coup, il oublie les joies passées, il aspire à de nouvelles courses. Il a vu l'Espagne, il veut voir l'Ittaie ; il a vu l'Italie, il veut voir la Suisse.

Les voyageurs sont comme les joueurs ; ils ne veulent jamais dire : Assez. Un immense besoin d'émotions les agite sans cesse. Il n'ont rien éprouvé, tant qu'il leur reste encore à éprouver. La voix de la raison n'a plus d'empire sur eux. Voir, pour eux, c'est exister. Un premier voyage est la mise en train d'une foule de pérégrinations, ou de regrets sans nombre, ou de tyranniques désirs.

FIN.

Imprimerie Ducessois, 55, quai des Augustins.

www.ingramcontent.com/pod-product-compliance
Ingram Content Group UK Ltd.
Pitfield, Milton Keynes, MK11 3LW, UK
UKHW020451200726
13857UKWH00002B/662

9 782012 978232